中国传统聚落与民居研究系列（第一辑）

北京杂院

北京大学聚落研究小组　北京建筑大学ADA研究中心
楚东旭　主编

中国电力出版社
CHINA ELECTRIC POWER PRESS

编委会

丛书主编　王　昀　方　海

本书主编　楚东旭

编　　委　贾　蓉　张捍平　赵冠男　李婧瑜
　　　　　姜　岑　姜玮玮　汤深博　宁　宇
　　　　　郭淑静　张　波　丁　菲　张婧婵

序一　不褪落的痕迹

写在《中国传统聚落与民居研究系列》出版之际

《中国传统聚落与民居研究系列》之《窑洞民居》《北京杂院》《厦门骑楼》终于付梓。继《云南民居》后，王昀、方海及其团队奉献的这三本心血之作，细致入微地采撷了人类居住形式变迁中的诸多宝贵痕迹，为我们温习人类文明发展历程提供了丰富的场景素材和想象空间。贯穿于作品中的严谨科学与人文魅力完美结合，视角独到，回味无穷。

长期以来，王昀、方海及其团队没有忘记对人类生活痕迹的执著找寻。他们努力屏蔽喧嚣，隔离虚张，潜心关注蕴藏于生活日常的建筑遗产与人文精华。这样的关注无疑传递出一种信念：建筑与人类生活的不离不弃，建筑与生存环境的相互印证，建筑与历史进程的彼此铭记，才是建筑之魂灵和根本。这或许是《中国传统聚落与民居研究系列》诞生的初心，也是继《云南民居》之后，《窑洞民居》《北京杂院》《厦门骑楼》等系列著作相继脱胎的动能。

很难量化王昀、方海及其团队在找寻"聚落与民居"遗迹时风餐露宿的艰辛，也无法统计他们潜心史海逐句逐字解惑勾沉的枯燥。但可以肯定，只要愿意寻究人类究竟从哪里来、终将向哪里去，只要愿意思考地球的前世今生，不论何种专业背景的读者，都可以从《中国传统聚落与民居研究系列》中产生如此共鸣：以居住形式为切入点进行的还原和挖掘，难道不是理性的建筑结构技术与生动的柴米油盐生活的深度嵌融？难道不是建筑与艺术、建筑与人文、建筑与历史关系最直接的表达？难道不是人类文明时空交汇、代代传承的最好解读？

建筑是音乐，是艺术，更是永恒的历史。建筑如引擎般驱动思绪飞扬，辐射壮阔无垠的领域，既活化曾经，也启迪未知。当人们闭目站在大昭寺前，五彩经幡和千年来川流的朝圣者会飞掠脑海；伫立威尼斯圣马可教堂，会幻化十字军的浩荡东征，会在潮涨之时因海水咄咄逼人忧患这座城市的将来命运。

这一切，皆因建筑与人的相生相伴。

某一天，已经长大的儿子说，他曾就读的小学、初中、高中的老旧校舍建筑，都因拆迁不复存在了。

的确，这是一个健忘的年代。人们关于故乡的记忆似乎越来越稀薄，更多的古迹杂院、民居旧址，在不情愿地灰飞烟灭。

真诚感谢王昀、方海及其团队。感谢他们以"聚落与民居"这一独特视角，让炊烟缭绕着人类文明发展的漫漫旅途；感谢他们在商业社会的淡然和定力，在资本力量摧枯拉朽时代不变的责任与坚韧；感谢他们真正的学者情怀、风范与价值观。这样，我们才能在深入《窑洞民居》时，脑际涌动和流淌出生生不息的黄河文明；才能在走进《北京杂院》时，耳畔经久回响不息的胡同鸽哨；才能在穿行《厦门骑楼》时，眼前回旋红砖尾脊的民国风韵。

征程未完，初心尚在。对于《中国传统聚落与民居研究系列》而言，只有驿站，不存终点。期待王昀、方海及其团队继续找寻并唤醒更多沉睡的建筑痕迹，以自己独特的记录与打开方式，为我们致敬传统、创造未来提供无价的样本。

张渝

2018年11月

序二　乡音、乡建与乡愁

中国四十年的改革开放在取得重大经济腾飞时，也迫使人们认真思考中国的乡村与家园。如何理解和处理好"乡愁"与"乡建"的关系，这是中国当代城乡发展所面临的最大挑战。

高速发展的城市化进程和城镇化建设从内外两方面影响着具有数千年文明发展历程的中国乡村和中华文化家园。成千上万的中国村镇，除少数被列入"中国传统村落名录"中，绝大多数历经千百年形成发展的中国自然村落正与它们所携带的中国原生文化基因一道，在现代化的进程中快速消亡。人们试图通过"乡建"保留"乡音"，从而记住"乡愁"。然而，在过去的几十年，我们的"乡建"第一阶段是以政府"扶贫"项目为依托，第二阶段以建筑师的项目为介入。在许多情况下建筑师们介入乡村建设是由建筑师的个性化兴趣主导，由此形成的各类民宿和农家乐建筑虽能一时满足城市阶层闲暇娱乐的心灵追求，却不能满足"乡建"的最根本需求，即如何考虑和满足村民的诉求。由此使中国当代"乡建"进入了第三阶段，即"艺术介入乡建"（简称"艺术乡建"）的时代。

"艺术乡建"是一种国际范式，诸多国际建筑大师如阿尔瓦·阿尔托等，早在半个多世纪以前已为"艺术乡建"树立了榜样。前不久，当代建筑大师库哈斯在北京与中国艺术家渠岩共同探讨"如何寻找最美的建筑"中，强调艺术家和建筑师必须谦虚学习并融入当地文化，尊重乡村"文化多样性"，同时加深对当地日常知识的深入理解和对当代流行文化的反思，从而才能发现最美的建筑、最恬静的乡村和最理想的家园。在"乡建"过程中努力牢记"乡愁"，最有效的方法就是记录"乡音"。我们要记录的"乡音"以传统聚落的总体规划和民居形成基本载体，同时也全面了解村落历史、自然山水、宗教信仰、节庆习俗、人口迁徙、空间逻辑、生产方式、工艺民俗、村规民约等，从而以尽可能完善的"乡音"支持"乡建"，最终记住"乡愁"。

为什么要进行尽可能全面的以传统聚落和民居为主要载体的"乡音"记录？因为它们是文化传承的基本载体，融合了土生土长的文化气息和沉淀数千年的精湛技艺，是越来越受到重视和尊崇的"没有建筑师的建筑"。从古至今，人类历史上大多数物品都是"没有建筑师的建筑"和"没有设计师的设计"，这些无名设计实际上是人类设计史的主体，然而古往今来，它们大都没有受到应有的重视。美国著名作家劳埃德·卡恩（Lloyd Kahn）所著的《庇护所》（Shelter），将人类历史上出现过的洞穴、草屋、帐篷、木屋、仓房、农庄及各地民居聚落列为研究的目标。面对现代城市日益膨胀的混凝土"森林"，民间传承已久的无名设计中所蕴含的手工技艺和设计理念，不仅能够让人们重拾手工、探险、劳作和自由的乐趣，而且能促使人们重新思考人类与大自然的关系，深度反思生态与环境的理念，加强对设计科学的多角度思考。

对本民族包括聚落民居在内"乡音"文化遗产的记录、梳理和研究，我国还处于起步阶段。而西方自古罗马时代就有记录与研究建筑的传统，这种早熟的建筑学传统在文艺复兴之后成为各国的显学，从而使他们对本民族各类建筑文化遗产有非常完整细致的梳理记录。中国古代建筑制度虽然发达，宋代《营造法式》和清代《工程则例》等文献都是中国古代建筑学的瑰宝，但它们都集中在关注建筑制度与施工管理，并多以官式建筑为本，而对占中国建筑最大比例的民间住宅与聚落方面则极少记载。直到来自欧美国家和日本的专家学者开始调研并出版有关中国民居的著作，才引发中国学者的加入。"中国营造学社"的成立是中国学者研究中国建筑的开端，我国建筑学开创者之一的刘敦桢教授对西南民居和徽州民居的研究，开启了中国学者对本民族民间建筑的学术介入。之后中国各省市对民居建筑的调研，随后逐步由点到线，由线到面，使中国各地民居的基本面貌逐渐浮出水面，构成中国建筑学的一个重要分支。

《中国传统聚落与民居研究系列》第一辑中所选取的三种民居类型在类型学、文化史和地缘政治学诸多方面都有特殊意义。其中《窑洞民居》所展示的建筑类型不仅是中国民居大家庭中最古老、最有代表性的成员之一，也是人类住宅发展史上最悠久的住居形态之一。另外两本《北京杂院》和《厦门骑楼》，它们分别是中国延绵已久的南北物质文化发展的典型代表。中国的窑洞民居广泛分布于陕西、山西、甘肃、河南等地，而本辑的窑洞民居则聚焦于河南的三门峡地区。该地区至今依然广泛使用的地下窑洞或"下沉式窑洞"位于中华民族文化的发源地之一的黄河流域中原地带，这种窑洞形式不同于西北地区普遍采用的"地上侧向式窑洞"，具有源于自身环境的设计原则和发展轨迹，至今已有四千余年历史。如果以中原地区为核心，北京杂院建筑则成为中国北方民间建筑的典型代表。它们经过八百多年的发展，最终形成以四合院住居为经典模式的北方民间建筑聚落集群，在许多方面完美地与气候和环境和谐发展。本辑中与北京杂院建筑相对应的则是中国南方民间建筑的代表性聚落集群——厦门骑楼建筑。长期以来，地理环境和气候条件从根本上决定和制约着各地建筑的发展，中国南方以两广地区（广东、广西）和以福建为代表的骑楼建筑至少亦有千年历史，而其中的厦门骑楼因其在中西方文化交流中的特殊地位尤其值得关注。与此同时，厦门骑楼也是西方文化早期进入中国的建筑样本，一方面映射着中国文化如何消化吸收西方文化并转化为具有中国地域特色建筑形式的实践，另一方面也成为中国南方住居环境中炎热气候与发达商业文化结合的典型代表。

中国的城乡发展要达到可持续性地维护和发展中华民族住居文化，就必须对我们的祖先千百年来积累下来的设计智慧进行系统地梳理、研究、吸取和扬弃。《中国传统聚落与民居研究系列》成果的出版，希望成为中国可持续"乡建"的重要组成部分。我们用敬畏之心和田野调查的科学态度面对"乡音"，介入其历史调查、聚落脉络溯源、民居风格梳理、礼俗文化链接、村民组织互动等；我们用审慎的心境和国际化的设计创意面对"乡建"，立足于保护文脉基础上的民居与村落修复、社区关系营造、聚落生态保护、复合与可再生的生产与经济运行机制等。最终我们会迎来基于和谐社会理想的"乡愁"，生态聚落的艺术复兴。

中华文明源远流长、博大精深，但在全球化综合竞争和文化碰撞中，我们希望以《中国传统聚落与民居研究系列》为媒介，用国际化的观察视野，以跨学科的知识融合，选择合适的研究标本，以点带面，用星火之势绘制"大中华"聚落与民居记忆的地图，用中华民族活化石的"乡音"呈现中国古代设计智慧。

方海

2018年11月

前　言

大栅栏地区作为北京老城的典型区域，除了著名的大栅栏商业街、东琉璃厂街，还有密密麻麻的胡同及数量众多的大小"杂院"。大多数杂院在最初原本是四合院，随着历史变迁，大部分或者被拆除，或者衰败，成了现在的"杂院"。北京以大栅栏地区为代表的旧城区域，由于其存在的普遍性和居住形式的特殊性，一直被社会和学界所关注。杂院内部的空间面貌究竟如何？居民的居住现状具体怎么样？这些都亟待更为深入的研究。

北京内城的大部分杂院是在四合院基础上发展出来的一种聚居的形态，这种形态常被理解为混乱无序，"破坏了"原有四合院的完整性。但如果换一个视角来理解，杂院之所以能够产生，恰恰源于四合院建筑的包容性，恰可说明四合院建筑的另外一个特点。同时，原有的四合院演变为杂院这一新北京杂院形态的本身正反映了居住者解决自己生存问题时的智慧，而客观记录下这些"没有建筑师的建筑"对环境的利用及改造状况正是本书的目的所在。

本书着眼于北京杂院，试图对以北京大栅栏地区为代表院落空间现状的特征和构成要素进行全面的分析。随着北京旧城的改造与更新，大栅栏地区存在了几十年的"大杂院"也在不断改造甚至逐渐消亡。但是杂院内部居民对空间的高效利用与相互之间共存的空间关系等都显示出很多民间智慧，这些对大栅栏地区的未来发展甚至更多的老城居住区的未来都很有参考价值。

书中主要研究了北京大栅栏地区杨梅竹斜街及南北两侧共14条街巷的203处杂院建筑，对象包括大栅栏地区三井社区的耀武胡同南侧院落、茶儿胡同全部院落、笤帚胡同全部院落、炭儿胡同全部院落、杨威胡同西侧院落、取灯胡同南侧院落、贯通巷全部院落、大栅栏西街社区的杨梅竹斜街全部院落、大栅栏西街北侧院落、青竹巷全部院落、抬头巷全部院落，铁树斜街社区的樱桃斜街北侧院落、樱桃胡同全部院落、大安澜营社区的桐梓胡同全部院落。

本书从建筑学角度，调查北京大栅栏地区杂院空间现状的特征和构成要素，为讨论该地区未来改造发展提供参照，同时记录当下大栅栏居民生活空间的现状，也期望对未来有其他研究价值。

目 录

第一部分　关于北京杂院

一、概述

　　"杂院"通常指多户人家居住的院子，杂院的出现是相对于传统独门独户的合院而言的。未成为杂院之前，一个合院就是一个家庭居住的空间，大一些多进的院子或者带嵌套的院子也是一个家庭或家族居住的空间，称为独门独户。后来一个家庭、一个家族的院落中住进了其他的家庭或者人员，互相混居，"大杂院"因此得名。杂院的"杂"分为居住人口方面的混杂和建筑空间方面的混杂。本书中的"大杂院"专指北京地区的大杂院。

二、形成过程

　　不同的历史时期，杂院的混杂方式也有所不同。清朝末期，老百姓开始将居住的祖产四合院分拆出租或者整院出卖，而其本身则去别的院子寻租一两间用于居住。一个四合院中居住的人口逐渐增多，这里人员混杂，关系复杂。随着清朝官僚贵族的没落，原先的"满汉分治"格局逐渐被打破。清王朝灭亡后，尤其是辛亥革命后，清朝旗人由于失去世袭带来的经济来源，祖上的四合院也开始像普通百姓的四合院一样或租或卖，开始杂院化。抗日战争时期社会动荡，杂院化的现象一直在持续，除了以传统四合院为基础形成的杂院外，还有相当一部分杂院是在这一时期由生活艰难的劳苦人民自行圈地搭建的。

　　新中国成立后，杂院的发展并没有停止。这一时期的杂院发展分为两个方面：一是人数的增加；二是房屋数量的增加。新中国成立初期，很多清朝遗留的王府宅院变为公产。20世纪50年代末之后，国家在居民住房上实行"经租房"❶政策。政府统一经营出租房屋，很多无房或外地进城的人都通过这一政策被分配居住在四合院中。通过"经租房"政策，原来6000户不到3万人口的私人四合院，需要满足60万人口的居住，大量四合院开始向杂院方向演进。与此同时，在1949年之前形成的杂院中，原居住者的后代逐渐成家，人口增多的同时也增加了杂院的负担。20世纪70年代北京开始了在胡同和庙里建工厂，也使更多人涌入四合院。在杂院形成之后，十几户或几十户居民共同生活在一个院子中，每户除了生活起居还有饮食储物等日常的需求，四合院开始形成新结构。20世纪70年代北京市政府曾推广一种"接、推、扩"❷做法，居室空间向外扩建，自建厨房和各种储物棚。1976年唐山大地震之后，北京四合院房屋由于破旧不堪容易垮塌，政府发放建材鼓励居民自建"地震棚"❸，用以躲避震后的余震，四合院的空间格局因此发生了重大变化。当时旧城内盖的"地震棚"将近300万平方米，使四合院的建筑密度由原来每公顷4000平方米，提高到6000多平方米。此时院内空间基本达到现有状态的平衡，并在院子中形成了新的、小尺度的胡同。❹

三、本书涉及的北京杂院范围

　　大栅栏地区作为北京老城❺的典型区域，保留了上百条拥有数百年历史的胡同，堪称北京胡同的"活化石"。除了著名的大栅栏商业街、东西琉璃厂街，还有密密麻麻的小胡同及数量众多的"杂院"（图1-1、图1-2）。目前关于北京"杂院"这种居住形式的研究并不全面，而以大栅栏地区为代表的北京老城区域，杂院内部的空间面貌、居民的居住现状、杂院未来改造的发展方向都亟须关注。

图1-1　杂院院景1

❶ 经租房：指中国城市中的一些私有房产，这些房产在1958年前后由政府统一经营出租，收取房租，这类房产统称为经租房。
❷❸ "接、推、扩"与"地震棚"引自北京卷编辑部著《当代中国城市发展丛书·北京（上）》，当代中国出版社，133页。"接、推、扩"即允许在四合院住宅内推出一点，接长一点，扩大一点。
❹ 参见《当代中国城市发展丛书·北京（上）》，当代中国出版社，133页。
❺ 北京老城：2017年9月发布的《北京城市总体规划（2016—2035年）》中，将"旧城"变为"老城"，范围包括清朝时期北京内城和外城共同组成的区域，即北京清朝城墙的范围，也就是现在北京二环马路以内的范围。具体是由西直门、广安门、右安门、永定门、左安门、广渠门、东便门、朝阳门、东直门、安定门、德胜门围合而成的区域。

图1-2　杂院院景2

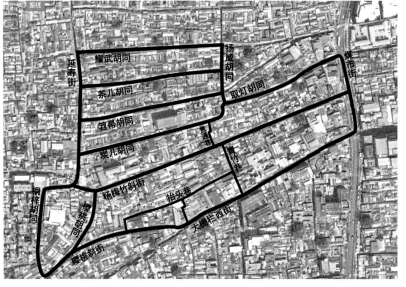

图1-3　书中涉及的杂院范围

　　书中对北京大栅栏地区院落空间的现状特征进行了历时近一年的测绘，书中涉及的杂院如图1-3所示，测绘范围如图1-4所示。尽管这些杂院自身在增建❶过程中显得杂乱，但杂院内部居民对空间的高效利用与相互之间共存的空间关系等都对当今的建筑设计有重要的参考价值。

---

❶ 增建：房屋改造的一种，指在原有房屋基础上增加建筑面积。

图1-4 北京杂院测绘范围

未测院落

非住宅

第二部分　大栅栏地区杂院的建筑空间

居民是杂院的主角和使用者，是空间的改造者。原生居民数量与杂院的活力状况有关，此部分通过对杂院居民数量变化的数据，反映出当下北京杂院的活动变化。

一、住户户数变化的调查与分析

大栅栏地区户数分析为两种情况的比较：一是杂院在居住饱和状态下的住户户数❶，即原有户数；二是杂院现在的住户户数，即现有户数。对大栅栏地区现有户数❷和原有户数的比较分析，可以看出此地区杂院的人口变迁情况。

1. 杨梅竹斜街的居民户数变化

杨梅竹斜街是大栅栏地区一条重要的商业和居住混杂的街道（图2-1）。从调查的此街道中66个门牌的院落❸户数统计（图2-2）中可以看出，绝大部分杂院住户户数都较以前减少。

2. 大栅栏西街的居民户数变化

大栅栏西街位于大栅栏商业街西侧的延长线上，商业繁荣，居住杂院夹杂在其中。本书调查研究了大栅栏西街北侧的杂院建筑（图2-3），在范围内大部分建筑和院落都已改造或拆除，新建成旅游商

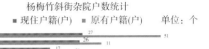

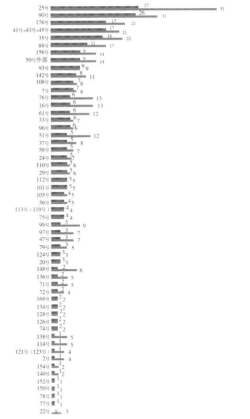

图2-2　杨梅竹斜街杂院住户户数统计

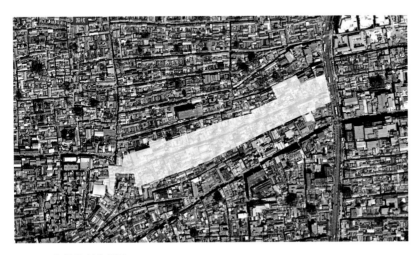

图2-1　杨梅竹斜街范围

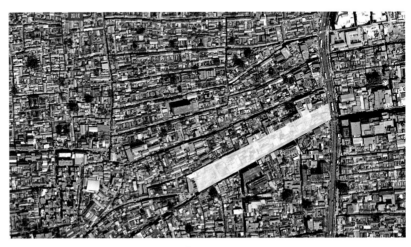

图2-3　大栅栏西街北侧范围

---

❶ 住户户数：指杂院中居住的居民家庭数量。
❷ 现有户数：大栅栏地区的杂院中有很多外地租户，本书包括本地常住住户和租户。
❸ 66个门牌的院落：66个门牌的院落中，院落大小并不均等，且有些门牌为楼房或无院的房屋。

店、餐厅和旅舍。调查的6个门牌号的杂院基本是西街北侧仅剩的居住建筑，由住户户数统计图（图2-4）上可以看出现在住户规模较原有户数有所减少。

3. 樱桃斜街的居民户数变化

樱桃斜街是大栅栏西街西侧的一条分支街道。本书调查呈现了樱桃斜街北侧共11处院落（图2-5），通过对住户户数的统计（图2-6）中可以看出，11处院落中有6处户数较之前减少。

4. 延寿街的居民户数变化

延寿街是大栅栏地区一条小商业和居住杂院混杂的南北向街道，

大栅栏西街杂院户数统计

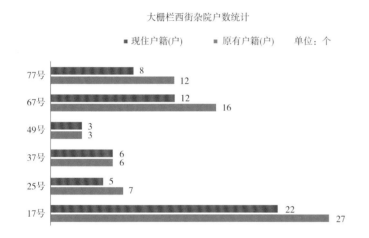

图2-4　大栅栏西街北侧院落住户户数统计

图2-5　樱桃斜街北侧范围

樱桃斜街杂院户数统计

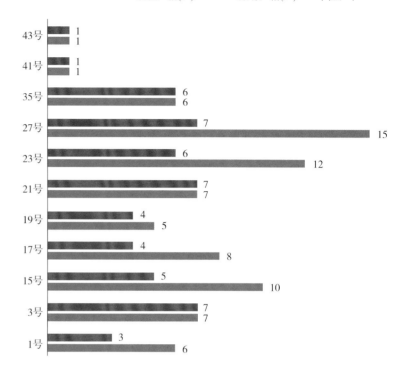

图2-6　樱桃斜街北侧院落住户户数统计

位于大栅栏地区的中心地带。本书调查呈现了延寿街东侧6处居住院落（图2-7）。从住户户数统计图（图2-8）上可以看出，6处院落中有3处院落户数较之前减少。

5. 耀武胡同的居民户数变化

耀武胡同是大栅栏地区一条传统的东西向居住胡同。本书调查呈现了耀武胡同南侧共14处院落（图2-9），从住户户数变化图（图2-9）可看出，有9处院落的住户户数较以前减少，但有3处院落的户数较早前增加。住户户数增加的院落分别是耀武胡同16号、18号、20号。经过调查，耀武胡同16号现已全部出租，现为旅馆，耀武胡同18号现出租给某公司办事处作为宿舍，耀武胡同20号也将每个房间改造为出租屋。调查中将每个房间的住户算作一户，这是户数较之前未改造用途时增加很多的原因。

图2-7 延寿街东侧调查院落范围

延寿街杂院户数统计

■ 现住户籍(户) ■ 原有户籍(户) 单位:个

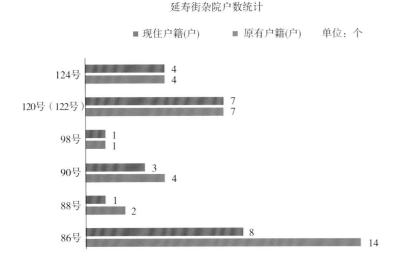

图2-8 延寿街院落住户户数统计

图2-9 耀武胡同南侧调查范围

通过相同手段分别对研究范围内的其他胡同调查后可发现其对比结果与上述几条胡同状况大致趋同,在此不一一赘述。总结可知,大部分杂院的住户户数相比过去有所减少,少量维持不变,极少数有所增加。杂院住户户数减少的原因主要有两点:一是腾退政策实行之后部分居民腾退搬走;二是由于经济条件改善,部分居民自行购买了改善性楼房并搬走,原来院落中的房屋或空置储物或出租。杂院户数增加的原因主要也有两点:一是老住户的子女成年成家之后仍留在杂院的房屋中自立门户居住,如笤帚胡同12号和36号院;二是住户将闲置房屋分租出去造成的户数增加,如耀武胡同的16号、18号、20号院。

将大栅栏街区193处杂院的原有住户户数和现在住户户数汇总之后进行对比分析(图2-10),可以看出193处杂院的住户数分为5个区间。分别统计了居住1~3户居民的杂院原有39处,现有68处;居住4~6户居民的杂院原有54处,现有67处,居住7~9户居民的杂院原有52处,现有37处;居住10~19户居民的杂院原有41处,现有17处。居住≥20户居民的杂院原有7处,现有4处。由图中得出,当前居住1~3户居民和4~6户居民的杂院数量占比最多,都是35%。原来居住4~6户居民和7~9户居民的杂院占比最多,分别为28%和27%。数据中显示杂院的住户居住规模发生了变化,原来1~3户、4~6户、7~9户、10~19户的杂院都在20%~30%的区间,并没有过大差距,但是当前发生了明显变化。在杂院总量不变的情况下,居住6户以下居民的杂院数量比例明显增多,居住7户以上居民的杂院数量占比明显减少。汇总之后数据的对比,也反映了杂院居民数量的下降。

杂院原有住户户数统计

■1~3 ■4~6 7~9 ■10~19 ≥20

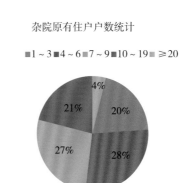

杂院现有住户户数统计

■1~3 ■4~6 7~9 ■10~19 ≥20

图2-10 5个户数区间的杂院数量对比

二、杂院的平面形态

杂院的形态有所相近但是又各有不同。依据空间格局特点可将杂院主要分成三大类：合院型杂院、排屋型杂院和复合型杂院。合院型杂院的建筑原型为传统型四合院。北京传统四合院布局方正，除了少数斜街上的宅子以外，大多都是方形平面，而且所有建筑都是正朝向，也就是根据各自位置不同分别朝向正南、正北、正东、正西（最多略偏1°~2°）。以正房❶、两厢房❷、倒座❸为基础格局框架，再有耳房❹、抄手游廊❺、垂花门❻的增加和多进四合院❼的衍生。合院型杂院是由一院一户的传统四合院后来住进了十几户、几十户或者更多的居民而形成的。因为北方民居坡屋顶的原因，垂直建造房屋的技术难度大、成本

高，杂院中的住户只能以自家房屋为基础向外侵占没有归属的公共区域——庭院，四合院内部居民因为不断自建房屋而演变成后来的空间形式。排屋型杂院的原型为一排或者多排的房屋，没有传统四合院的建筑格局。这种类型的杂院有两种：一种是因为地形狭小无法建造标准的合院，只能盖三四间房留一条过道，最初是一家居住，杂院化之后，为了满足居住需求每间又都扩大了面积加建了厨房；另一种情况是新中国成立后由旧城里的机关企事业单位集体建造一排排平房作为职工宿舍，之后沿袭至今。复合型杂院是由至少两个单一类型杂院或多种类型杂院混合在一起而形成的杂院，一般规模较大。杂院平面形态类型见表2-1。

大栅栏地区调研范围内的杂院经过类型归纳之后总数合计172处❽，

表 2-1 杂院平面形态类型分类

名称	类型	大栅栏西街	杨梅竹斜街	樱桃斜街	延寿街	樱桃胡同	桐梓胡同	炭儿胡同	笤帚胡同	茶儿胡同	耀武胡同	杨威胡同	抬头巷	青竹巷	贯通巷	备注	合计
合院型	集中式		2 号 20 号 22 号 29 号 33 号 37 号 49 号❾ 71 号 75 号 77 号 79 号 96 号 97 号 99 号 113 号（119 号）❿ 121 号（123 号）⓫ 132 号 142 号 168 号	3 号 17 号 41 号	124 号	18 号 31 号	8 号 18 号	3 号 5 号 6 号 9 号 12 号 13 号 14 号 15 号 16 号 17 号 20 号 22 号 24 号 26 号 27 号	3 号 4 号 6 号 8 号 10 号 12 号 13 号 14 号 16 号 18 号 20 号 24 号 25 号 27 号 28 号 30 号 31 号 32 号 33 号 36 号	4 号 5 号 6 号 7 号 10 号 14 号 15 号 16 号 24 号 28 号 30 号 31 号 33 号 37 号	16 号 18 号 20 号 26 号 28 号 32 号 34 号		3 号 6 号 21 号 23 号 25 号 27 号 29 号				90 处

---

❶ 正房：中国传统合院式建筑中，位置处于中间之厅房。如果是坐北朝南的合院式建筑，正房即为核心庭院北侧紧邻且正当中的厅房；如果坐东朝西，即为核心庭院东侧紧邻并且正当中的房子。其他朝向同理。

❷ 西厢房：指东西厢房。在正房前两侧的房屋。

❸ 倒座：四合院与正房相对的房屋，通常坐南朝北。

❹ 耳房：汉族建筑中主房屋旁边加盖的小房屋。正房的两侧各有一间或两间进深、高度都偏小的房间，如同挂在正房两侧的两只耳朵，故称耳房。耳房通常是大殿、城门、主厅进门前左右各一个的小房子。

❺ 抄手游廊：中国传统建筑中走廊的一种常用形式。多见于四合院中，与垂花门相衔接，连接和包抄垂花门、厢房和正房，雨雪天可方便行走。

❻ 垂花门：垂花门是古代中国民居建筑院落内部的门，是四合院中一道很讲究的门。它是内宅与外宅（前院）的分界线和唯一通道。因其檐柱不落地，垂吊在屋檐下，称为垂柱，其下有一垂珠，通常彩绘为花瓣的形式，故被称为垂花门。

❼ 多进四合院：四合院是三合院前加门房的封闭空间。呈"口"字形的称为"一进院落"；呈"日"字形的称为"二进院落"；呈"目"字形的称为"三进院落"。一般而言，大宅院中，第一进为门屋，第二进是厅堂，第三进或后进为私室或眷属，是妇女或眷属的活动空间，一般人不得随意进入。

❽ 本书后面各章节分析中不包含杨梅竹斜街49号，因此后文对杂院总数计数都为171处。

❾ 合院型集中式的杨梅竹斜街49号为新补测杂院。

❿ 113号（119号）为同一处杂院，门上贴了两个门牌号码。

⓫ 121号（123号）为同一处杂院，门上贴了两个门牌号码。

名称	类型	大栅栏西街	杨梅竹斜街	樱桃斜街	延寿街	樱桃胡同	桐梓胡同	炭儿胡同	笤帚胡同	茶儿胡同	耀武胡同	杨威胡同	抬头巷	青竹巷	贯通巷	备注	合计
合院型	分支式	37号 77号	61号 88号	15号 27号			6号	29号	1号 11号 19号 39号	1号 9号 11号 13号 17号 22号	6号 8号 22号 24号	（甲） 7号					23处
	组合式	25号 49号 67号	16号 35号	21号					10号 21号 28号	29号 35号 39号							12处
排屋型	中间走道式		51号	35号	120号（122号）❶				2号			38号	2号	1号			7处
	单边走道式		7号 93号 101号	19号	88号	14号	24号		34号				10号				9处
	混合式	17号	50号	23号	90号	5号 8号											6处
复合型	并联式		24号 148号 56号+58号组合❷ 72号+74号+76号+78号组合 108号+110号+112号+114号组合 124号+126号+128号组合 134号+136号+138号+140号组合	1号									5号 11号+13号+15号+17号组合			另有杨梅竹斜街176号+桐梓胡同2号组合	11处
	嵌套式		25号 45号（47号）❸ 90号 105号 156号		86号		4号 20号 22号			8号 27号	12号 30号		4号				14处
其他与未分类	独栋楼房	63号	73号 83号 92号+94号组合 98号										7号 27号对面				6处
	住宅小区		107号														1处
	未分类门牌				100号和118号沿街商铺 102号私宅无院❹			19号 23号 25号 38号 均为非住宅❺				11号 13号 均为非住宅❻					9处

❶ 120号（122号）为同一处院落，外门上贴两个门牌号码。

❷ "+"符号表示的是指所有并列的院子合起来为一个院子的组团。

❸ 45号（47号）为同一处院落，外门上贴两个门牌号码。

❹ 100号和118号都是带居住功能的沿街商铺；102号为无院的住宅，仅两间平房。

❺ 19号、23号、25号、38号院落用途均已改变，成为经营场所或者社区公共服务场所。没有杂院住户，不再是住宅功能的合院。

❻ 11号现状为棋牌室，13号现状为日用品零售商店。

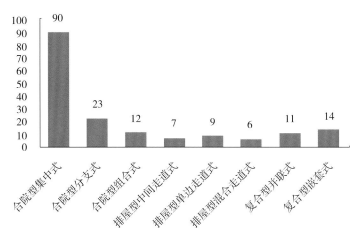

图2-11　各类型杂院数量统计
（横轴代表杂院个数，纵轴代表数量，单位：个）

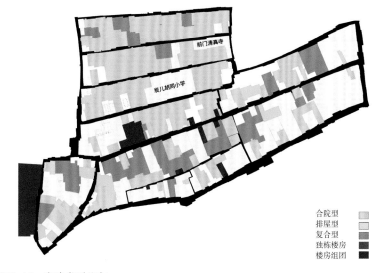

合院型
排屋型
复合型
独栋楼房
楼房组团

图2-12　杂院类型分布

合院型杂院合计125处，占总数的72.67%；排屋型杂院数量合计22处，占总数的12.79%；复合型杂院数量合计25处，占总数的14.53%。各类型杂院的数量分布很不平衡，合院型杂院的数量最多，占总数的3/5（图2-11）。其中杂院数量最集中的类型是合院型中的集中式杂院，有90处，超过了杂院总数量的一半。可见合院型是本地区最主要

的杂院类型，合院型集中式是最普遍的杂院样式。

根据杂院类型分布（图2-12）看出，调研范围内三种类型杂院的分布中，合院型杂院分布最广泛，主要成片分布在区域北半部分的耀武胡同、茶儿胡同、笤帚胡同、炭儿胡同四条胡同中；复合型杂院单体规模较大，主要分布在南半部分的杨梅竹斜街和抬头巷中；排屋型杂院规模小，数量少，主要分布在杨梅竹斜街，在延寿街、抬头巷、樱桃斜街、桐梓胡同中也有分布，如图2-12所示。排屋型杂院的分布比较分散，无规律性。

大栅栏地区的合院型杂院依据内部公共空间❶形式特征，又可以划分为集中式、分支式和组合式三种形式。集中式杂院是公共空间被挤压成一条仅供通行走道的一进或者两进院落❷，在走道联系房屋的入口门数量较为集中的部位形成略微放大的空间节点❸。以炭儿胡同15号院落为例，此院坐北朝南，院中本来有9户居民共同居住，穿过门道，只有一条公共走道贯穿全院，联系各个房间。由于同时有5个相邻的房间出入口在走道尽端与之相连，所以尽端空间略有放大，还有少数单进杂院❹的内部庭院相对开敞，并没有居民自建的行为。因为此类杂院与集中式杂院的原型一致并且数量较少，所以将此类杂院作为集中式杂院的一种变体❺，如炭儿胡同24号院。分支式杂院与集中式杂院公共空间形式有很明显的区别，这类杂院的公共走道呈明显的分支状，如耀武胡同22号。此院为北入户的院落，穿过门道进入内部之后，公共空间向三个不同方向分支联系各房屋。分支式杂院也有一种特殊形式，一部分加建建筑不依附于主要房屋，而是单独建在院落中间，将杂院室外公共空间分割为"回"字形走道。以这类空间形式为主构成的杂院，数量只有三个，分别是耀武胡同6号、茶儿胡同13号和樱桃斜街27号。还有一种传统型杂院空间形式为组合式，是以多进深❻的四合院空间格局为基础，集中式杂院和分支式杂院相组合。组合形式包括集中式+集中式、集中式+分支式。以炭儿胡同10号院为例，此院是两进式杂院的集中式+集中式空间组合，穿过门道❼进入院落内部，是一个典型的纵向集中式院落空间，当公共走道延续到后院时，方向则变为横向的。集中式+集中式空间组合的特征即为一个纵向集中式公共空间与一个横向集中式公共空间的串联❽组合。合院型杂院案例平面见表2-2。

---

❶ 公共空间：本书中指的是杂院建筑内部的公共空间，主要包括公共庭院、室内外公共走道等，所有住户都可到达的场所。
❷ 两进院落：指两进四合院演变而成的大杂院。
❸ 空间节点：指在杂院中比供人通行的走道稍微放大宽敞的室外局部空间。
❹ 单进杂院：一进杂院，指的是由一进四合院演变而成的杂院。
❺ 变体：指属于同一种大类型，但是不同样式的杂院。
❻ 进深：指杂院的纵深长度。
❼ 门道：指杂院中与院门相连的半室内或者室内走道。
❽ 串联：指将杂院逐个顺次首尾相连接。

表 2-2　合院型杂院案例平面

合院型				
集中式		分支式		组合式
炭儿胡同 15 号	炭儿胡同 24 号	耀武胡同 22 号	茶儿胡同 13 号	炭儿胡同 10 号

排屋型杂院有三种类型的空间格局，分别是中间走道式排屋杂院、单边走道式排屋杂院、中间+单边走道式排屋杂院。中间走道式排屋杂院的主要居住功能房屋成两排并列相对排布，之间自然形成一条公共走道。以如抬头巷2号为例，从北侧院落入口穿过门道后，有一条笔直的走道联系两排房屋的住户。单边走道式排屋杂院只有一排居住功能的房屋，通过房屋一侧的一条公共走道联系各户。杨梅竹斜街93号院为典型案例，从南侧院落入口进入，没有转折空间，而是一条贯穿全院的走道联系一排房屋每个房间的住户。中间走道+单边走道式排屋杂院，顾名思义是前述两种形式同时出现在一个院落当中的组合式杂院类型。以樱桃斜街23号为例，杂院大部分为单边走道，将近院落尽端才出现中间走道的空间格局。排屋型杂院案例平面见表2-3。

表 2-3　排屋型杂院案例平面

排屋型		
中间走道式	单边走道式	混合式
抬头巷 2 号	杨梅竹斜街 93 号	樱桃斜街 23 号

依据空间形式的不同特征可以将复合型杂院分成两类，分别是并联式复合型、嵌套式复合型。若干不沿街分布的独立杂院需要单独与街道联系而不干扰其他院落，这就产生了一条专用的走道或称为巷道，由此形成巷道并联式复合型杂院。杨梅竹斜街南侧有一些狭窄的

"死胡同"，连接两三个或者更多的院落。它们看似各自独立，但却通过一条不通的巷道组合在一起，具有很强的整体性。抬头巷11号+13号+15号+17号的组合是这种复合型杂院的典型案例（表2-4），它的空间特征是4个排屋型杂院通过一条通向外部街道的公共走道组合在一起而互相没有单独联通。嵌套式复合型杂院是指在一个杂院范围内嵌套了另一个或者多个独立杂院。嵌套式复合型与并联式复合型关键区别在于构成复合型杂院的内部多个杂院单元之间是否有串联关系。前者内部的院落之间存在全部或者部分的串联关系，后者内部的杂院之间完全是并联关系。如茶儿胡同8号是典型的两个独立式院落的串联关系，内院是集中式杂院，外院是分支式杂院的变体——"回"字形空间式杂院。内院通过外院与外部街道联系，两者属于两个单独院落的横向串联。还有一些杂院内部有几个杂院相互并联，互相不连通，但是又共同与其他杂院串联在一起。这种杂院的规模一般较大，内部空间形式相对更复杂。以杨梅竹斜街90号院为例，它的内部空间是单边走道式排屋型杂院与集中式杂院通过串联关系联通外部道路，同时还有另外4个独立的院落在这条公共空间轴线上相互并联。

表 2-4　复合型杂院案例平面

复合型		
并联式	嵌套式	
抬头巷 11 号 +13 号 +15 号 +17 号	茶儿胡同 8 号	杨梅竹斜街 90 号

三、不同平面形态类型杂院的占地面积

1. 各类型院落个体的占地面积

合院型集中式范围的柱状图占比最大，起伏平缓，并且普遍较短；复合型的两种样式和排屋型混合式范围内的柱状图普遍较长，起伏很

大。复合型嵌套式的杂院杨梅竹斜街25号在所有柱状图中长度最长，占地面积最大，为1262.57平方米；合院型集中式的笤帚胡同36号的柱状图最短，占地面积最小，为59.12平方米。占地面积最小的杂院与占地面积最大的杂院数值相差21倍多。所有分类的171处杂院及杂院组合的面积平均值为281.73平方米。

6种类型样式的院落面积差别很大。首先合院型集中式院落的90处杂院普遍占地面积较小，都在平均面积❶值280.07平方米以下，并且互相之间数值差别比较小，整体趋势平缓。这与合院型集中式杂院的成因关系很大。合院型院落基本都是由传统北京四合院发展演变而来，属于北京四合院的一种空间类型。集中式杂院多为一进式四合院或者两进式四合院，而且北京大栅栏地区的四合院北京城中规模相对较小❷，因此由这些小宅院演变来的集中式院落占地面积自然相对较小。在集中式的90处院落中，仅有10处院落占地面积超过平均线，并且超出幅度较小，它们是杨梅竹斜街96号、99号，炭儿胡同24号、27号，笤帚胡同8号，茶儿胡同10号、31号、耀武胡同26号、32号、34号。其余80处院落的占地面积都在平均线之下。其中集中式杂院中占地面积最大的院落是杨梅竹斜街96号，面积460平方米；占地面积最小的院落是笤帚胡同36号，面积仅为59.12平方米。

杨梅竹斜街96号是由一进四合院演变而来，它的院落整体面宽❸18米多，进深25米多，正房3间、厢房3间、倒座两间加半间门道，院落整体方正，加建较少，是杨梅竹斜街上保存最完好的四合院。笤帚胡同36号院落是一处20世纪60年代建的小院落，之前是作为厂房仓库使用，不属于传统四合院形态，它的院落整体面宽6米多，进深9米多，占地规模小很多（图2-13）。

合院型分支的23处院落中，有11处占地面积高于平均线，有12处占地面积低于平均线，此类院落整体上占地面积较大。占地面积最大的院落为樱桃斜街27号，最小的院落是耀武胡同6号。

樱桃斜街27号与耀武胡同6号都属于公共空间，呈"回"字形的分支式。樱桃斜街27号是由传统的两进大四合院演变而来，有150年左右的历史，面宽18米多，进深33米，正房5间，两边厢房各4间，倒座连门道5间，是大栅栏地区面积最大的几处四合院之一。耀武胡同6号院是传统的一进式小四合院，面宽10米多，进深16米（图2-14）。

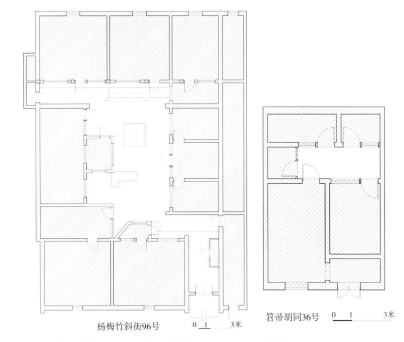

图2-13　杨梅竹斜街96号平面（左）与笤帚胡同36号平面（右）

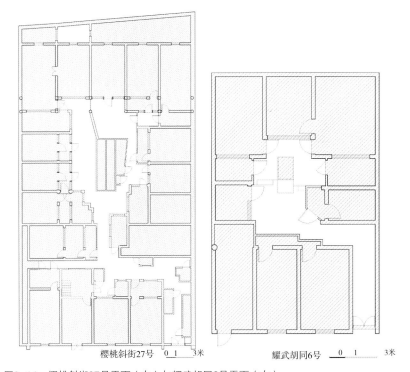

图2-14　樱桃斜街27号平面（左）与耀武胡同6号平面（右）

15

合院型组合式的12处院落中，有8处占地面积高于平均线，4处占地面积低于平均线。其中杨梅竹斜街35号的占地面积最大，为958.66平方米，它也是所有调查的合院型杂院中占地面积最大的院落。占地面积最小的是炭儿胡同28号，为156平方米。

杨梅竹斜街35号是一条接杨梅竹斜街和取灯胡同两条街的院落，从杨梅竹斜街进入院落，后门出去是取灯胡同。此院落1975年之前是宾馆，后变为民宅杂院以安置更多人口，院落沿杨梅竹斜街的面宽12米多，总进深将近46米（图2-15）。它是大栅栏地区仅有的两条跨两条街的院落之一（另一个院落是杨梅竹斜街25号），也是所有院落中占地面积排名第三大的院落。而炭儿胡同28号是由传统两进小院落演变的杂院，面积较小。

排屋型中间走道式和排屋型单边走道式院落占地面积较小。7处排屋型中间走道式院落中只有1处院落占地面积高于平均线，是杨梅竹斜街51号，占地面积528.6平方米。占地面积最小的院落是贯通巷1号，面积100.81平方米，如图2-16所示。

8处排屋型单边走道式院落的占地面积都低于平均面积线。其中占地面积最大的是桐梓胡同24号，面积为260.5平方米（图2-17），南侧是居住房，北侧是自建厨房；占地面积最小的院落是笤帚胡同34号，面积为65.57平方米。笤帚胡同34号也是排屋型中占地面积最小的院落。

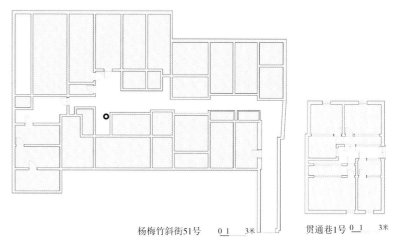

图2-16　杨梅竹斜街51号平面（左）与贯通巷1号平面（右）

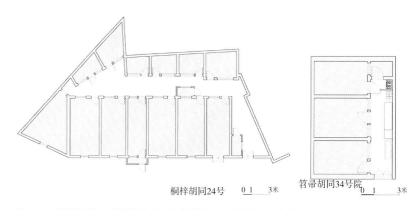

图2-17　桐梓胡同24号平面（左）与笤帚胡同34号平面（右）

排屋型混合式杂院的6处院落除了延寿街90号占地面积低于平均线，其他5个院落占地面积都高于平均线并且面积都很大。占地面积最大的院落是大栅栏西街17号，为754.58平方米，占地面积最小的院落是延寿街90号，为108.55平方米。

大栅栏西街17号院落平面呈"7"字形，纵向为单边走道式，横向为中间走道式，院落沿街是两层楼房，内部也有楼房，整体规模较大（图2-18）。此院落曾经营餐厅，后因为安置居民居住逐渐杂院化。延寿街90号规模极小。

复合型的两种形式——并联式和嵌套式，普遍都是占地面积较大的大杂院。在并联式的11处院落中，有6处杂院的占地面积高于平均线，5处杂院占地面积低于平均线。占地面积最大的是杨梅竹斜街176号与桐梓胡同2号的院落组合，占地面积为947.65平方米；占地面积最小的院落是杨梅竹斜街56号和58号的组合，面积为231.3平方米。

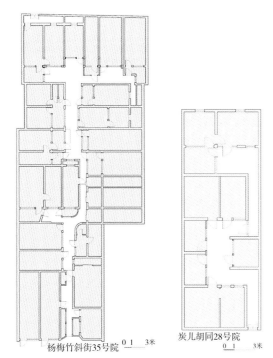

图2-15　杨梅竹斜街35号平面（左）与炭儿胡同28号平面（右）

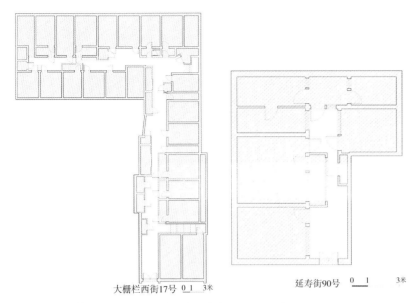

大棚栏西街17号 0 1　3米

延寿街90号 0 1　3米

图2-18　大棚栏西街17号平面（左）与延寿街90号平面（右）

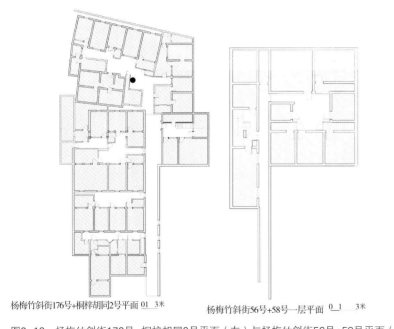

杨梅竹斜街176号+桐梓胡同2号平面 0 1 3米

杨梅竹斜街56号+58号一层平面 0 1　3米

图2-19　杨梅竹斜街176号+桐梓胡同2号平面（左）与杨梅竹斜街56号+58号平面（右）

杨梅竹斜街176号与桐梓胡同2号的院落组合很庞大，杨梅竹斜街176号由两个单边走道式杂院、一个中间走道式杂院和一个混合走道式杂院共同组成（图2-19），一直以来是职工宿舍。桐梓胡同2号是一个

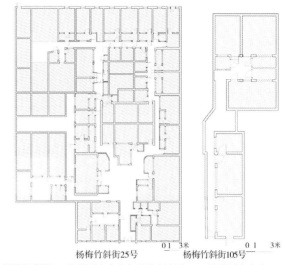

杨梅竹斜街25号 0 1 3米

杨梅竹斜街105号 0 1　3米

图2-20　杨梅竹斜街25号平面（左）与杨梅竹斜街105号平面（右）

规模非常小的单边走道式院落，平面上只有三间主要房间和一个自建厨房。一条纵深❶走道整体并联了所有的这些小院落，组成一个规模庞大的杂院组合体。占地规模在所有院落中排名第四。杨梅竹斜街124号、126号、128号的院落组合占地面积比杨梅竹斜街56号与58号的组合体略小，杨梅竹斜街56号、58号的院落组合是由一条巷道并联的两个集中式小院的组合。

在复合型嵌套式的14处院落中，仅有两处杂院占地面积低于平均线，12处杂院面积高于平均线。其中杨梅竹斜街25号占地面积最大，为1262.57平方米，它也是所有院落中占地面积最大的院落；杨梅竹斜街105号占地面积最小，为134.19平方米。

杨梅竹斜街25号规模庞大，是由一个"回"字形公共空间的分支式院落联系其他院落共同构成的院落组合体（图2-20）。此院是清朝官员、书法家梁诗正❷的故居。此院落居民较多，房屋保存情况较差。杨梅竹斜街105号是由一个排屋型单边走道式院落串联一个合院型集中式院落构成的院落，规模小。

2. 院落占地面积区间

从0平方米到1300平方米范围设定100平方米为一个面积区间，杂院的占地面积从最小的59.12平方米到最大的1262.57平方米，共分为13个面积区间。

---

❶ 纵深：指纵向延伸。
❷ 梁诗正：字养仲，号芗林，号文之廉子，钱塘（今浙江杭州）人，清代官员，书法家。

统计得出，各个面积区间中的杂院数量分布差别很大。大多数杂院的占地面积分布在100~300平方米的面积区间内，合计有112处院落，占总数的65.49%。100~200平方米是杂院数量最集中分布的面积区间，合计有70处院落，占总数的40.94%。绝大多数杂院面积在600平方米以下，有161处，占总数的94.15%。600~1300平方米的杂院数量合计仅有10处，占总数的5.85%（图2-21）。

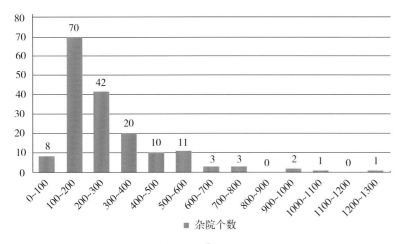

图2-21 占地面积区间限定的杂院数量分布❶
（横向轴线代表从小到大的13个面积区间，竖向轴线数值代表杂院个数值，单位：个）

600~1300平方米中零星散落的10处占地面积最大的院落中，复合型有5处，面积最大的2处杂院都属于复合型嵌套式，分别是杨梅竹斜街25号和杨梅竹斜街90号。其他三处是杨梅竹斜街176号与桐梓胡同2号的院落组合、杨梅竹斜街70号＋72号＋74号＋76号＋78号的院落组合、抬头巷11号＋13号＋15号＋17号的院落组合。排屋型混合式有2处院落，分别是大栅栏西街17号和樱桃胡同8号。合院型组合式有2处院落，分别是杨梅竹斜街35号和大栅栏西街49号。合院型分支式有1处院落，是樱桃斜街27号。

占地面积100~300平方米的杂院主要分布在区域北半部分的炭儿胡同、笤帚胡同、茶儿胡同、耀武胡同等区域。占地面积400平方米以上的杂院主要分布在区域南半部分的杨梅竹斜街、樱桃斜街、大栅栏西街、樱桃胡同、抬头巷、青竹巷等区域（图2-22）。

3. 院落各类型样式平均占地面积

研究各类型样式杂院占地规模可以发现，复合型嵌套式院落的平均占地面积最大，为530.99平方米。排屋型混合式院落的平均占地面

积排第二位，为502.71平方米，超过了复合型的另一种样式——并联式的院落平均面积466.61平方米，排屋型单边走道式杂院的平均面积最小，为147.6平方米。用杂院面积平均值线作为分割线，归纳出平均占地面积较大（平均线之上）的样式有复合型嵌套式、排屋型混合式、复合型并联式、合院型组合式、合院型分支式，平均占地面积较小（平均线之下）的杂院样式有排屋型单边走道式、合院型集中式和排屋型中间走道式。合院型分支式杂院的平均面积为315.43平方米，在所有样式中最接近杂院占地面积平均值281.73平方米。说明合院型分支式的杂院普遍占地面积在所有类型中属于较大偏中间的趋势，属于整个地区中在占地规模上有代表性的类型（图2-23）。

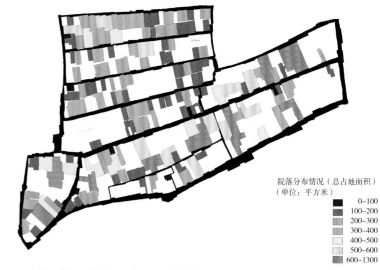

院落分布情况（总占地面积）
（单位：平方米）
■ 0~100
■ 100~200
■ 200~300
■ 300~400
■ 400~500
□ 500~600
■ 600~1300

图2-22 院落分布情况填色（以占地面积为依据）

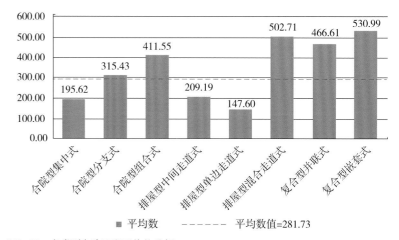

图2-23 各类型杂院面积平均值分析
（横向轴线为样式类型名称，纵向轴线为面积平均值，红色虚线为院落总平均面积线）

---

❶ 书中此类柱状图均为示意性图。

四、杂院进深与面宽

不同的进深和面宽给人的空间感受也各有差异。在大栅栏地区，房屋高度相差无几，但是杂院的进深和面宽却千差万别。

1．各平面类型杂院的进深（柱状分析图见附录）

合院型的集中式和分支式院落进深的整体趋势平缓，并且数值普遍较小；合院型组合式、排屋型、复合型院落的进深整体趋势起伏较大。复合型院落的进深数值普遍较大。复合型并联式的杨梅竹斜街72号+74号+76号+78号的院落组合总进深最大，为54.97米；排屋型单边走道式的樱桃胡同14号进深最小，仅为7.88米。最大值与最小值之间相差近7倍。所有院落的平均进深为21.67米。

可以看出，合院型集中式院落的进深和分支式的院落进深数值趋势相近，都比较平缓，并且两者的大部分院落进深都低于平均进深线。这与两种样式的原型关系很大。合院型的杂院原型多为传统四合院，合院型集中式杂院和分支式杂院的原型多为北京四合院中的一进或两进院落，可见大栅栏地区传统一进和两进四合院进深尺寸差别不大。集中式的89处院落中有68处院落进深低于平均线，占76.4%。其中进深最小的院落为笤帚胡同36号，进深9.31米；进深最大的院落是耀武胡同32号，进深27.4米。分支式的23处院落中，有16处院落进深低于平均线。进深最小的院落是耀武胡同6号，进深15.97米；进深最大的院落是樱桃斜街27号，进深32.08米。进深最大与最小的院落也是两种样式占地面积最大和最小的院落。

经过统计得出，合院型组合式排屋型、复合型的杂院进深并无明显规律，原因分析如下：排屋型杂院的位置分布并不规律，两种独立杂院的占地面积普遍较小，可以推测两种独立杂院的建设并无统一规划，基本属于在建造完其他杂院之后利用边角地块见缝插针式的建造，所以进深也大小不一。而合院型组合式、排屋型混合式、复合型三种杂院进深相比其他类型样式较大的杂院数量多，但是因为内部个体组成数量有多有少，面积有大有小，所以进深也会有较大差别，并无规律。

合院型组合式的12处院落中有10处院落的进深高于平均线。其中进深最大的院落是杨梅竹斜街35号，为45.83米；进深最小的院落是炭儿胡同28号，为20.48米。排屋型中间走道式的7处院落中有6处进深低于平均线。其中进深最小的院落是贯通巷1号，为8.57米；进深最大的院落为杨梅竹斜街

53号，为30.87米。这两种类型样式的最大进深和最小进深的院落也是同类型样式最大占地面积和最小占地面积的院落。排屋型单边走道式的9处院落中有5处院落进深低于平均值。其中进深最小的院落是樱桃胡同14号，为7.88米，这也是所有类型院落中的最小进深；进深最大的院落是桐梓胡同24号，为28.27米。在排屋型混合式的6处院落中有5处院落进深高于平均线。其中进深最大的是樱桃斜街23号，为40.23米；进深最小的院落是延寿街90号，为11.27米。复合型并联式的11处院落中，有9处院落的进深高于平均线。其中进深最大的是杨梅竹斜街72号+74号+76号+78号的院落组合，进深54.97米，这也是所有类型院落中的最大进深，进深最小的院落是杨梅竹斜街24号，为14.34米。复合型嵌套式的14处院落中，有11处院落的进深大于平均线。其中进深最大的院落是杨梅竹斜街90号，为46.16米；进深最小的院落是桐梓胡同22号，为13.78米。

杂院的进深分布区间可以反映杂院进深的数值分布频率（图2-24）。经过统计分析得出杂院进深分布区间较集中，94%的院落进深尺寸分布在图中的前半区，即在0~30米的范围内。14~26米是大部分杂院进深尺寸的分布范围，合计121处院落，占总数的71.18%。其中18~22米是杂院进深尺寸的集中分布区，合计52个院落，占总数的30.59%。还原到大栅栏地区研究区域平面图（图2-25）可观察出，进深在14~26米的杂院主要分布在区域北半部分的炭儿胡同、笤帚胡同、茶儿胡同、耀武胡同等区域。进深在26米以上的杂院主要分布在区域南半部分的杨梅竹斜街、樱桃斜街、大栅栏西街、樱桃胡同、抬头巷、青竹巷等区域。

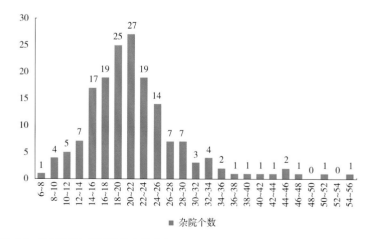

图2-24 进深数值区间限定的杂院分布
（横轴代表院落进深的25个区间，纵轴代表院落的数量）

图2-25　院落分布情况填色（以进深为依据）

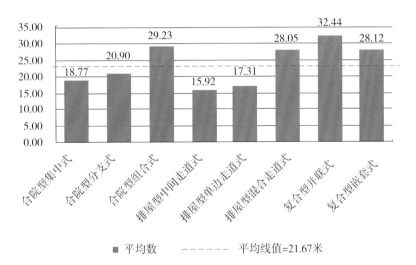

图2-26　院落各类型样式平均进深统计
（横轴代表各类型名称，纵轴代表进深数值，单位:米）

■ 平均数　　----- 平均线值=21.67米

经统计得到171处院落平均进深为21.4米，分析各个类型样式的平均进深（图2-26）可以看出，平均进深大小差别较大。复合型并联式的院落平均进深最大，为32.44米；排屋型中间走道式院落的平均进深最小，为15.92米。平均进深较大（高于平均进深线）的院落类型是复合型并联式、合院型组合式、排屋型混合式和复合型嵌套式；平均进深较小（低于平均进深线）的院落类型是排屋型中间走道式、排屋型单边走道式、合院型集中式和合院型分支式。合院型分支式院落的平均进深20.9米，最接近院落总平均值21.67米。

大部分院落的并联组合都是在纵深上的组合叠加，如进深最大的杨梅竹斜街70号+72号+74号+76号+78号的院落组合，在纵深方向从外到内的排列顺序是70号+72号+74号+76号+78号院落的横向并列（图2-27）。

2. 各平面形态类型院落的面宽（柱状分析图见附录）

合院型集中式院落面宽相对较小，柱状图较平缓，绝大部分院落面宽在平均线之下，复合型和排屋型混合式院落之间的面宽总体最大，个体之间差别较大。排屋型单边走道式院落普遍面宽最小，其中复合型嵌套式院落的杨梅竹斜街90号院落面宽最大，面宽39.88米，合院型集中式院落的杨梅竹斜街22号面宽最小，面宽为5.71米。所有院落的平均面宽为12.74米。

与院落占地面积、进深相似的是，合院型集中式院落面宽普遍较小，这与其单一纵深布局的公共空间形态有关。在90处院落中有77处院落的面宽低于平均线，占85.56%。其中面宽最小的院落是杨梅竹斜街22号，面宽5.71米；面宽最大的院落是杨梅竹斜街96号，面宽18.33米。合院型分支式的院落面宽相对较大，这与其内部分支分布的公共空间形态的横向扩张趋势有关。在23处院落中有16处院落的面宽高于平均线。其中面宽最大的院落是大栅栏西街37号，为19.86米；面宽最小的院落是桐梓胡同6号，为8.06米。虽然合院型组合式院落的占地面积和进深普遍较集中式和分支式大一些，但是其面宽并没有类似的趋势，这与其以纵向延伸为主的空间形态有关。在12处合院型组合式院落中，有7处院落面

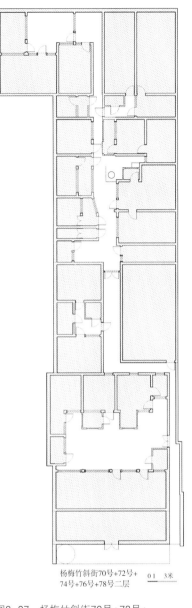

杨梅竹斜街70号+72号+74号+76号+78号二层

图2-27　杨梅竹斜街70号+72号+74号+76号+78号平面

宽低于平均线。其中最大面宽的院落是杨梅竹斜街16号，面宽19.4米；最小面宽的院落是茶儿胡同29号，面宽7.58米。不同于其占地面积和进深，排屋型中间走道式院落的面宽趋势曲线在整体图形中并不是低谷。其范围内的院落占地面积和进深都低于平均线，在7处院落中，有5处院落的面宽低于平均值。其中面宽最大的院落是樱桃斜街53号，面宽19.98米；面宽最小的是抬头巷2号，面宽9.84米。排屋型单边走道式院落的面宽较小，此类院落的面宽多为一间房屋的进深加一条走道的宽度，相比其他院落，这种类型面宽较小，所有9处院落的面宽都低于平均线。其中面宽最小的院落是杨梅竹斜街7号，面宽6米，面宽最大的是桐梓胡同24号，面宽11.7米。排屋型混合式院落数量最少，仅有6处，但是面宽较大。原因主要是此类型的院落平面形状有3处"L"形，最大面宽取值比较大。在6处院落中，有5处院落高于平均线。其中面宽最大的是樱桃胡同8号，面宽32.67米；面宽最小的是延寿街90号，面宽10.85米。复合型并联式的院落面宽普遍较大，个体之间差别也较大。在此类型的11处院落中，有8处院落面宽高于平均线。其中面宽最大的是抬头巷11号+13号+15号+17号的院落组合，面宽31.5米；面宽最小的是杨梅竹斜街148号，面宽7.9米。复合型嵌套式中的院落面宽普遍很大，也有个别院落面宽较小。其中面宽最大的院落是杨梅竹斜街90号，是所有院落中面宽最大的院落；面宽最小的院落是杨梅竹斜街105号，是所有院落中面宽最小的院落。

杂院的面宽分布区间可以反映该地区杂院普遍的面宽范围（图2-28）。统计得到5~15米面宽的院落较为集中，分布有134处院落，占总数的78.36%。9~11米是院落分布最集中的区间。

各类型平均面宽统计（图2-29）还原到街区总的平面图（图2-30）可以看出，面宽在5~15米的杂院主要分布在区域北半部分的炭儿胡同、笤帚胡同、茶儿胡同、耀武胡同等区域。面宽在15米以上的杂院

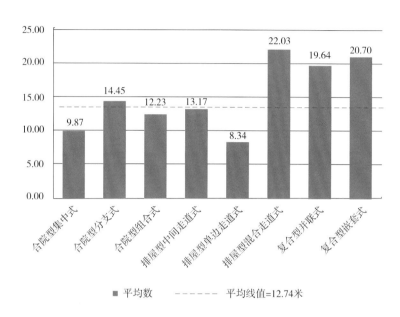

图2-29　院落各类型平均面宽统计
（横轴代表各类型名称，纵轴代表面宽数值，单位:米）

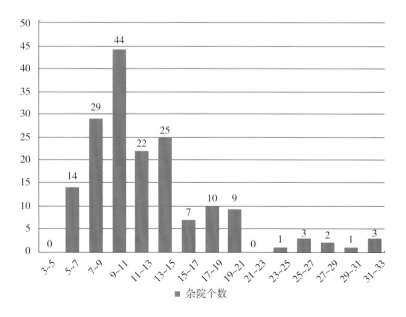

图2-28　杂院面宽分布
（横轴代表院落面宽的15个区间，纵轴代表院落个数，单位：个）

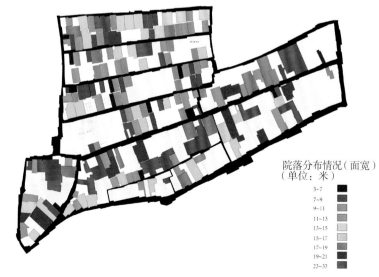

图2-30　院落分布情况填色（以面宽为依据）

21

主要分布在区域南半部分的杨梅竹斜街、大栅栏西街、樱桃胡同、抬头巷、青竹巷等区域。

171处院落平均面宽为12.74米，通过分布比较可得，排屋型混合式的院落平均面宽最大，为22.03米；排屋型单边走道式院落的平均面宽最小，为8.34米。平均面宽较大（高于平均面宽线）的类型有排屋型混合式、复合型嵌套式、复合型并联式、合院型分支式、排屋型中间走道式；平均面宽较小（低于平均面宽线）的类型有排屋型单边走道式、合院型集中式、合院型组合式。接近所有院落面宽总平均值12.74米的院落有合院型组合式、排屋型中间走道式。

单独分析完杂院的进深和面宽之后，对二者的比值进行了统计（见附录长宽比统计的柱状图），得到大部分院落的长宽比值在1.1~2.5的范围内。

通过大栅栏地区杂院的平面空间形态特征和规律进行研究，结论总结如下。

第一，通过对各街道居民户数情况的统计和陈述得知，大部分杂院的居民户数相比过去有所减少。少量维持不变，极少数有所增加。杂院居民户数减少的原因主要有两点：一是腾退政策影响居民腾退搬走；二是由于经济条件改善后搬走。杂院户数增加的原因主要也有两点：一是增加后代子女一同居住；二是住户将闲置房屋分租。

第二，杂院依据空间格局特点可以分成三大类：合院型杂院、排屋型杂院和复合型杂院。三种类型又可以细分成不同的样式。合院型杂院可以分为合院型集中式、合院型分支式和合院型组合式，排屋型杂院可以分为排屋型中间走道式、排屋型单边走道式和排屋型混合式，复合型杂院可以分为复合型并联式、复合型嵌套式。

在平面空间形态分类的基础上，研究中从杂院整体的占地面积、进深、面宽、长宽比方面对杂院及各个杂院类型的空间特征和规律进行分析，结论总结如下。

第一，杂院占地面积方面：合院型集中式、排屋型中间走道式和单边走道式杂院普遍较小；复合型和排屋型混合式的大部分杂院占地面积较大。大多数杂院的占地面积分布在100~300平方米的面积区间内。平均占地面积较大的样式有复合型嵌套式、排屋型混合式、复合型并联式、合院型组合式、合院型分支式，平均占地面积较小的杂院样式有排屋型单边走道式、合院型集中式、排屋型中间走道式。

第二，杂院进深方面：合院型的集中式和分支式的院落进深普遍较小，个体差别也较小；复合型的院落进深普遍较大。合院型组合式、排屋型、复合型的院落进深个体之间差别较大。大部分杂院进深尺寸分布在14~26米的范围内。平均进深较大的院落类型是复合型并联式、合院型组合式、排屋型混合式和复合型嵌套式；平均进深较小的院落类型是排屋型中间走道式、排屋型单边走道式、合院型集中式和合院型分支式。

第三，杂院面宽方面：院落个体之间差别普遍较大。复合型院落的面宽普遍最大，个体之间差别较大。排屋型单边走道式和排屋型混合型院落普遍面宽最小。合院型集中式院落面宽相对较小。大部分杂院面宽尺寸分布在5~15米的范围内。平均面宽较大的类型有排屋型混合式、复合型嵌套式、复合型并联式、合院型分支式和排屋型中间走道式；平均面宽较小的类型有排屋型单边走道式、合院型集中式和合院型组合式。

第四，杂院平面的长宽比方面：大部分杂院的长宽比值分布在1：1～1：2.5的范围内。

第五，杂院占地面积和杂院进深的关系最相近，具有正相关性；各要素参数中的主要杂院基本分布在区域北半部分的炭儿胡同、笤帚胡同、茶儿胡同和耀武胡同；占地面积、进深、面宽数值较大的杂院普遍分布在区域南部的杨梅竹斜街、大栅栏西街、樱桃斜街、樱桃胡同、抬头巷和青竹巷；各街巷胡同的杂院长宽比并无明显规律。

第三部分　大栅栏地区杂院室外公共空间与房屋空间

一、杂院室外公共空间

院落室外公共空间包括入口门道和院落内部的室外空间。本书对于有楼房的院落，对室外公共空间的研究不包含二层及上楼楼梯，只算首层院落的门道和首层室外公共空间。对于复合型并联式院落，联系各组成院落的巷道空间也是室外公共空间。

院落的室外公共空间是杂院空间组织的核心部分，是院落的主要交通空间，是杂院内部居民的交往空间、房屋的采光空间，也是居民房屋扩张的主要争夺资源。居民在对院落的自发改造过程中，公共空间逐渐被以占地建造房屋和堆放杂物的形式侵占，最后多呈现为仅容一人通过的窄道。抽取院落内部各空间，作为分析院落空间构成要素的基础（图3-1~图3-8）。

1. 杂院的室外公共空间面积

以笤帚胡同1号平面图为例，图中的斜线填充部分是院落的室外公共空间（图3-9），将所有杂院室外公共空间面积做整体分析可知，各类型院落的室外公共空间面积柱状图趋势与院落的占地面积趋势大致一致。复合型院落室外公共空间面积普遍较大并且个体之间相差悬殊，排屋型中间走道式和排屋型单边走道式的院落室外公共空间面积普遍属于最小的级别。从杂院个体看，各类型院落个体的室外公共空间面积大小不均，差别较大。171处杂院的室外公共

图3-2　杂院卧室空间平面分布

图3-3　杂院起居室空间平面分布

图3-1　街巷与杂院室外公共空间平面分布

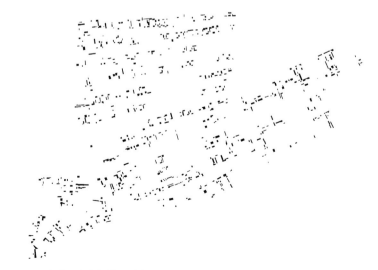

图3-4　杂院厨房空间平面分布

24

图3-5　杂院单独卫生间浴室空间平面分布

图3-6　杂院储藏室空间平面分布

图3-7　杂院现状空置空间平面分布

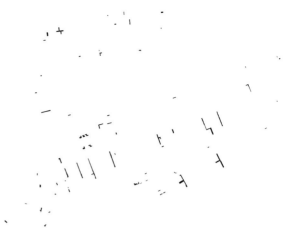

图3-8　杂院室内走道空间平面分布

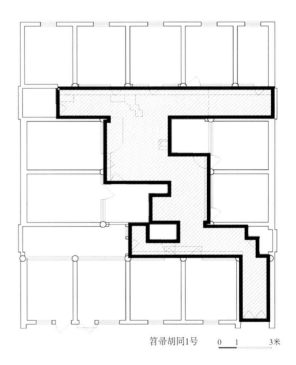

笤帚胡同1号　　　0　1　　3米

图3-9　笤帚胡同1号室外公共空间示意

空间总面积为8512.89平方米，占院落总占地面积的17.61%。其中室外公共空间面积最大的院落是复合型嵌套式的杨梅竹斜街25号，面积为281.89平方米；室外公共空间面积最小的院落是笤帚胡同36号，面积为6.92平方米。171处院落的室外公共空间面积平均值为49.78平方米。

　　合院型集中式院落的室外公共空间面积数值普遍较小，在该类型样式的90处院落中有68处院落室外公共空间面积低于平均线，占

75.56%。其中面积最小的两处院落室外公共空间面积小于10平方米，分别为笤帚胡同36号的6.92平方米与杨梅竹斜街113号和119号❶的9.49平方米。12处高于平均线的院落中面积最大的是杨梅竹斜街96号的101.44平方米。

合院型分支式院落的室外公共空间面积普遍比集合式院落的大。该类型的23处院落中有14处院落室外公共空间面积高于平均线。其中面积最大的是樱桃斜街27号，面积为110.59平方米，其余院落面积都在100平方米以下。面积最小的两处是大栅栏西街77号，面积为28.22平方米，以及扬威胡同甲7号，面积为28.51平方米。

合院型组合式院落的室外公共空间面积普遍比分支式的大。该类型的12处院落中有10处院落的室外公共空间面积高于平均线，其中室外公共空间面积最大的院落是大栅栏西街25号，面积为103.68平方米，其余院落室外公共空间面积都在100平方米以下。有两处院落的室外公共空间面积低于平均线，并且数值相近，分别是樱桃斜街21号，面积为40.01平方米；炭儿胡同28号，面积为40.72平方米。

合院型三种样式的室外公共空间面积规律，呈现集中式、分支式、组合式依次递增的趋势。室外公共空间面积最大的是分支式中的樱桃斜街27号，室外公共空间面积最小的院落是集中式中的笤帚胡同36号。

排屋型中间走道式和单边走道式院落的室外公共空间面积相对都很小，属于几大类型样式最小的类型样式。排屋型中间走道式的7处院落中仅有1处院落的室外公共空间面积高于平均线，是杨梅竹斜街51号，面积是91.84平方米；其余6处中，面积最小的是贯通巷1号，仅为7.9平方米。排屋型单边走道式的9处院落中也仅有1处院落面积高于平均线，是桐梓胡同24号，面积是54.97平方米；其余8处中，面积最小的是樱桃胡同14号，为11.85平方米。

不同于单边走道式和多边走道式，排屋型混合式院落的室外公共空间面积较大。在6处院落中有4处面积高于平均线，其中最大的院落是大栅栏西街17号，面积132.82平方米，其他院落的面积在100平方米以下。面积最小的是延寿街90号，为15.76平方米。

综合排屋型的三种样式室外公共空间的面积规律，可以发现混合

式院落的面积较大，单边走道式和中间走道式的面积普遍要小很多，呈两极分化趋势。其中面积最大的是混合式中的大栅栏西街17号，最小的是贯通巷1号。

复合型两种样式的院落室外公共空间面积普遍较大，在8种类型样式中属于最大的，但是个体之间数值差别较大。并联式的11处院落中有9处院落面积高于平均线。其中最大的院落是杨梅竹斜街179号和桐梓2号的院落组合，室外公共空间面积为223.19平方米，另有3处院落室外公共空间面积在100~200平方米之间。室外公共空间面积最小的是杨梅竹斜街24号，为41.93平方米。嵌套式的14处院落中，有11处院落室外公共空间面积高于平均线。面积最大的是杨梅竹斜街25号，室外公共空间面积281.89平方米，另有4处院落面积在100~200平方米之间。在3处低于平均线的院落中，面积最小的是杨梅竹斜街105号，为28.49平方米。

复合型的两种样式中，室外公共空间面积最大的院落也是所有类型中最大的杨梅竹斜街25号。

杂院在室外公共空间面积的区间分布（图3-10）可以反映普遍的面积规律。可以看出院落的室外公共空间面积集中在0~80平方米的范

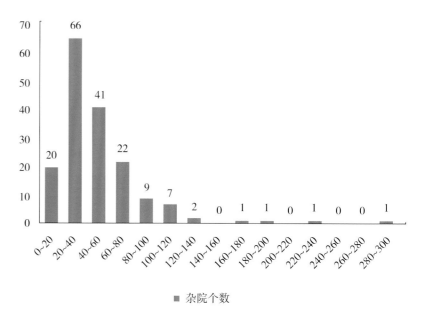

图3-10　杂院数量在室外公共空间面积区间的分布
（横轴代表15个面积区间，单位：平方米；纵轴代表杂院数量，单位：个）

---

❶ 杨梅竹斜街113号和119号实际是同一个杂院，门牌贴在一起的杂院还有多处。

围，合计149处，占总数的87.13%。在120~300平方米的区间范围零星分布了6处院落。从趋势上看，0~80平方米范围杂院分布较集中。在15个区间中，20~40平方米区间的杂院数量最多。结合院落室外公共空间面积平均值为49.78平方米可知，大部分院落的室外公共空间面积小于平均值（图3-11）。

室外公共空间面积最大的6处院落中，复合型院落中有5处，包括并联式的3处院落，分别是杨梅竹斜街70号、72号、76号、78号的院落组合，杨梅竹斜街134号、136号、138号、140号的院落组合和杨梅竹斜街176号、桐梓胡同2号的院落组合，以及嵌套式杨梅竹斜街25号和杨梅竹斜街90号两处院落。另外，排屋型混合式院落中有1处，是大栅栏西街17号。

杂院数量中室外公共空间面积在0~80平方米的最多，分布最广泛，所有街道都有分布。其中主要集中分布在区域北半部分的炭儿胡同、笤帚胡同、茶儿胡同、耀武胡同，以及桐梓胡同等区域。室外公共空间面积在80平方米以上的杂院数量很少，零星分布在区域南半部分的杨梅竹斜街、大栅栏西街、抬头巷等区域。

171处院落室外公共空间面积的平均值为49.78平方米，统计杂院

各个类型样式的室外公共空间面积（图3-12）可得，各类型院落的室外公共空间面积平均值趋势与平均进深值的趋势大致相当。复合型并联式的室外公共空间面积平均值最大，为95.59平方米；排屋型单边走道式院落的室外公共空间面积平均值最小，为28.23平方米。平均值较大（高于平均线）的类型样式是复合型并联式、复合型嵌套式、排屋型混合式、合院型组合式、合院型分支式；平均值较小（低于平均线）的类型样式是排屋型中间走道式、排屋型单边走道式、合院型集中式。合院型分支式院落的室外公共空间面积53.77平方米，最接近平均线。

比较室外公共空间面积与院落进深可知，院落的室外公共空间面积与院落进深整体趋势上呈正相关。因为绝大多数院落的长宽比大于1，可知院落基本都是纵深型空间形态，内部庭院的面积大小与进深具有直接的正关系。

2.杂院中的院落室外公共空间面积占比（柱状统计图见附录）

院落中室外公共空间面积在整个院落中所占的比例有大有小。在杂院中，由于居民自行加建的房屋侵占了室外公共空间，室外公共空间占比一

院落分布情况（室外公共空间面积）（单位：平方米）

0~20
20~40
40~60
60~80
80~100
100~120
120~140
140~300

图3-11 院落分布情况填色（以杂院室外公共空间占地面积为依据）

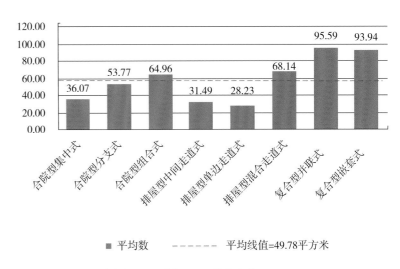

■ 平均数　－－－－－　平均线值=49.78平方米

图3-12 各类型样式院落室外公共空间面积平均值统计
（横轴代表各类型样式名称，纵轴代表室外公共空间平均面积，单位：平方米）

般都较小。

分析得出，院落室外公共空间占比上各类型之间没有明显的差异。说明院落室外公共空间的面积比例与平面形态类型的不同并没有明显的关系。

从院落个体看，室外公共空间面积在整体杂院占地面积中的比例低于平均线值17.61%的院落有87处，占总数的50.88%，与高于平均线的院落数量几乎持平。其中占比最小的院落是排屋型中间走道式的贯通巷1号，占比7.84%。占比最大的院落是合院型集中式的炭儿胡同24号，占比31.54%。

从杂院各类型中室外公共空间占比分析（表3-1）中可以看出，各类型杂院公共空间总体来说占比大小不一。排屋型中间走道式院落和排屋型混合式院落的室外公共空间面积占比普遍很小，都在平均线之下；合院型组合式和排屋型单边走道式院落的室外公共空间面积占比相对而言普遍较大，高于平均线的院落数量，低于平均线院落数量的一倍。合院型集中式、合院型分支式、复合型并联式、复合型嵌套式的院落个体室外公共空间面积占比高低几乎各半，数值差别较大，无明显趋势各类型院落中室外公共空间占比分析见表3-2。

表 3-1　杂院各类型中室外公共空间占比分析

类型名称	占比大于等于平均数	占比小于平均数	合计
合院型集中式	48	42	90
合院型分支式	11	12	23
合院型组合式	8	4	12
排屋型中间走道式	0	7	7
排屋型单边走道式	6	3	9
排屋型混合式	0	6	6
复合型并联式	6	5	11
复合型嵌套式	6	8	14

表 3-2　各类型院落中室外公共空间占比分析

类型名称	室外公共空间面积占比最大的院落	占比数值（%）	室外公共空间面积占比最小的院落	占比数值（%）
合院型集中式	炭儿胡同24号	31.54	杨梅竹斜街113号 119号	8.37
合院型分支式	茶儿胡同9号	25.58	扬威胡同甲7号	10.59

续表

类型名称	室外公共空间面积占比最大的院落	占比数值（%）	室外公共空间面积占比最小的院落	占比数值（%）
合院型组合式	大栅栏西街25号	27.45	大栅栏西街67号	8.76
排屋型中间走道式	樱桃斜街35号	17.52	贯通巷1号	7.84
排屋型单边走道式	樱桃斜街19号	22.07	杨梅竹斜街93号	16.14
排屋型混合式	大栅栏西街17号	17.6	樱桃胡同5号	10.22
复合型并联式	杨梅竹斜街134号136号138号140号	26.39	杨梅竹斜街108号110号112号114号	15.95
复合型嵌套式	桐梓胡同22号	22.6	青竹巷4号	10.87

杂院在室外公共空间面积占比分布区间中的分布情况可以反映普遍的杂院室外公共空间面积占比的规律（图3-13）。可以看出院落的室外公共空间面积占比集中在10%~28%的范围，合计161处，占总数的94.15%。在10%以下有5处院落，占比在28%~34%的有5处院落。大部分院落的室外公共空间面积占比在平均值附近分布。室外公共空间面积占比最大（在28%~34%范围内）的5处院落全部是合院型集中式院落，分别是炭儿胡同17号、炭儿胡同24号、炭儿胡同27号、笤帚胡同27号、茶儿胡同31号。室外公共空间面积占比最小（在7%~10%范围内）的5处院落，合院型集中式有1处院落，是杨梅竹斜

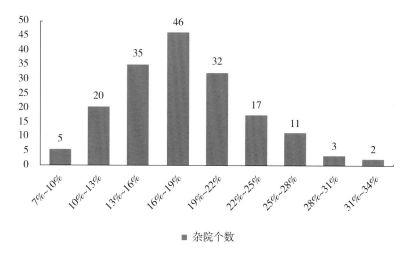

图3-13　杂院在室外公共空间面积占比区间的数量分布
（横轴代表9个占比区间，纵轴代表院落数量，单位：个）

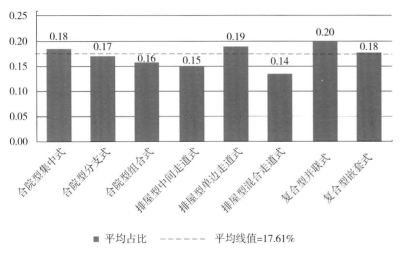

图3-14 各类型样式室外公共空间面积占比平均数统计
(横轴代表类型名称，纵轴代表室外公共空间面积占比平均值)

图3-15 抬头巷11号+13号+15号+17号室外公共空间路径示意

抬头巷11号+13
号+15号+17号

0 1   3米

空间长度也不相同。

街113号、119号；合院型组合式有3处院落，是大栅栏西街49号、大栅栏西街67号、杨梅竹斜街35号；排屋型中间走道式有1处院落，是贯通巷1号。

室外公共空间面积占比最大的院落居民自建最少，居住环境相对最好。四合院的格局相对明显。室外公共空间面积占比最少的院落居民自建最多，居住品质相对较差。

统计得到，171处杂院室外公共空间面积占比的平均值为17.61%（图3-14）可得，各类型院落的室外公共空间面积平均值趋势较为平缓，各自相差不大。这也能看出大栅栏地区调查范围内各杂院室外公共空间面积占比的普遍数值范围在14%~20%的范围波动。各类型中，复合型并联式、合院型集中式、排屋型单边走道式的院落室外公共空间面积占比较大，排屋型混合式、排屋型中间走道式、合院型组合式的院落室外公共空间占比较小，合院型分支式、复合型嵌套式院落的室外公共空间面积占比相对偏中等。

3. 室外公共空间路径长度

室外公共空间作为联系住户和外部街道的交通空间，每个院落的庭院长度各不相同，相同院落的不同住户之间与外部道路联系的交通

图3-15为抬头巷11号+13号+15号+17号的复合型并联式院落，粗线即为院落室外公共空间路径。

依次测量所有171处院落的室外公共空间路径并统计（柱状统计图见附录）可以看出，合院型集中式院落的室外公共空间路径长度相对较短，个体之间差别较小。复合型院落庭院路径长度在整体中最长，个体之间相差悬殊，排屋型中间走道式和排屋型单边走道式的路径长度在整体中最短。院落个体差别较大。171处院落的室外公共空间路径平均长度为28.58米，路径长度低于平均线值28.58米的院落有111处，占总数的65.29%。其中路径最短的院落是合院型集中式院落的笤帚胡同36号，长度4.3米。路径最长的院落是复合型嵌套式的杨梅竹斜街25号，长174.69米。

合院型集中式、排屋型中间走道式、排屋型单边走道式的院落普遍室外公共空间路径长度都小于平均值，长度偏短。其中排屋型中间走道式和单边走道式院落的路径长度都小于平均值。合院型分支式、合院型组合式、排屋型混合式和复合型的大部分院落路径长度大于平均值。其中复合型并联式院落的路径长度都大于平均值（表3-3、表3-4）。

表 3-3　杂院各类型中室外公共空间路径长度与平均值关系统计

类型名称	大于平均长度	小于平均长度	合计
合院型集中式	9	80	89
合院型分支式	14	9	23
合院型组合式	10	2	12
排屋型中间走道式	0	7	7
排屋型单边走道式	0	9	9
排屋型混合式	4	2	6
复合型并联式	11	0	11
复合型嵌套式	11	3	14

表 3-4　各类型样式中室外公共空间路径长度最大值最小值

类型名称	室外公共空间路径最长的院落	长度（米）	室外公共空间路径最短的院落	长度（米）
合院型集中式	茶儿胡同 31 号	36.12	笤帚胡同 36 号	4.3
合院型分支式	樱桃斜街 27 号	59.19	笤帚胡同 11 号	14.24
合院型组合式	杨梅竹斜街 35 号	60.65	炭儿胡同 28 号	15.25
排屋型中间走道式	抬头巷 2 号	19.44	贯通巷 1 号	4.75
排屋型单边走道式	桐梓胡同 24 号	26.39	樱桃胡同 14 号	5.73
排屋型混合式	大栅栏西街 17 号	55.46	延寿街 90 号	9.29
复合型并联式	杨梅竹斜街 176 号和桐梓胡同 2 号	104.27	杨梅竹斜街 24 号	29.72
复合型嵌套式	杨梅竹斜街 25 号	174.69	桐梓胡同 22 号	19.11

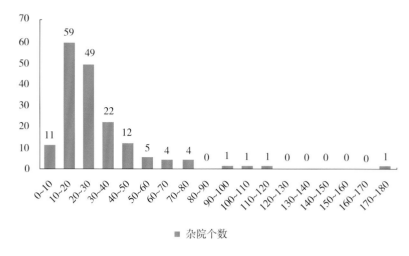

图3-16　杂院数量在室外公共空间路径长度区间的分布
（横轴代表18个路径长度区间，纵轴代表院落数量，单位：个）

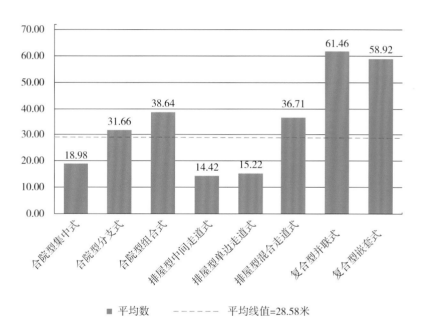

图3-17　各类型样式室外公共空间平均路径长度统计
（横轴代表院落类型样式名称，纵轴代表室外公共空间路径平均长度值，单位：米）

　　杂院在室外公共空间路径长度区间中的分布情况可以反映杂院路径长度的规律（图3-16），可以看出院落的室外公共空间路径长度集中分布在0~50米的范围，合计153处，占总数的89.47%，并且大部分院落路径长度在平均值附近。路径长度大于50米的院落有17处，其中路径长度最大的院落杨梅竹斜街25号与其他院落相差有50米以上。

　　路径长度较大的17处院落中有13处都属于复合型院落，包括所有长度在90米以上的院落（共计4处）。其余4处院落中，排屋型混合式中有1处院落，合院型组合式中有两处院落，合院型分支式中有1处院落。

　　171处院落室外公共空间的平均路径长度为28.58米，通过调查统计8个类型样式的室外公共空间平均路径长（图3-17），可以看出各类型院落的平均路径差别较大。结合各类型院落平均进深统计图来看，两图的起伏趋势一致，可推测各类型院落室外平均路径长短与院落平均进深长短有正相关趋势。在8种类型样式中，有5种样式高于平均线。其中复合型两种样式的院落平均路径最长。这主要与复合型的多院落组合、规模相对较大，空间相对最复杂的特点有关系；其次合院型分支式、合院型组合式、排屋型混合式的室外平均路径较长。3种样式的院落室外平均路径长度低于平均值，分别是合院型集中式、排屋型中间走道式和排屋型单边走道式。其中最短的是排屋型中间走道式院落。这3种样式的室外公共空间路径较短的原因是其公共空间平面的共同特征纵向单一，分支短且少，并且院落占地规模较小。

4．杂院中各平面类型院落的室外公共空间宽度

院落在杂院化过程中，大部分室外公共空间被占为己用之后仅呈现宽窄不一的、不规则走道❶的平面形态。

（1）室外公共空间宽度出现的频次（柱状统计图见附录）。

从杂院室外公共空间宽度值统计中可以看出院落的室外公共空间宽度值分布比较集中，几乎都在3.7米以下的范围。其中宽度数值在1.1~1.2米最为集中。说明1.1~1.2米是该地区室外公共空间具有普遍性的宽度，这也是居民在杂院生活中约定俗成的最集约的公共空间宽度❷。

研究中对大栅栏地区171处院落及组合的室外公共空间区域共测量了1640次宽度值。其中3.7米以下的比较集中的范围内共出现1594次测量数据，占总数的97.2%。测量数值频次出现100次以上的区间有6处，出现频次从多到少排列分别是1.1~1.2米内的尺寸出现156次，是最多的区间；1.2~1.3米内的尺寸出现频次130次；1~1.1米内的尺寸出现频次120次；1.3~1.4米内的宽度尺寸出现频次111次；0.9~1米内的尺寸出现频次110次；1.5~1.6米内的尺寸出现频次100次。这些尺寸区间内包含了该地区院落室外公共空间宽度出现最频繁的宽度值。

在此地区的具体院落中，3.7米以上的较大尺寸在调查范围的28个院落内出现了46次。院落分别为杨梅竹斜街37号、杨梅竹斜街75号、杨梅竹斜街96号、桐梓胡同18号、炭儿胡同9号、炭儿胡同21号、炭儿胡同24号、炭儿胡同27号、炭儿胡同35号、茶儿胡同31号、茶儿胡同33号、茶儿胡同37号、樱桃斜街27号、笤帚胡同8号、笤帚胡同12号、笤帚胡同14号、笤帚胡同31号、笤帚胡同32号、茶儿胡同10号、茶儿胡同11号、茶儿胡同22号、茶儿胡同31号、茶儿胡同33号、茶儿胡同37号、樱桃斜街27号、樱桃胡同8号、杨梅竹斜街56号＋58号的组合中的58号、杨梅竹斜街70号＋72号＋74号＋76号＋78号组合中的

72号、杨梅竹斜街134号＋136号＋138号＋140号组合中的140号、杨梅竹斜街148号、杨梅竹斜街25号、茶儿胡同8号。

可以发现院落室外公共空间宽度中也有一些超出日常生活中常用的最小尺寸的宽度。以0.6米为上限，通过调查具体院落，0.6米以下的宽度（包括0.6米）在11个院落中出现了11次。0.5~0.6米的尺寸出现了9次，院落分别是杨梅竹斜街37号、炭儿胡同5号、笤帚胡同16号、茶儿胡同9号、茶儿胡同11号、杨梅竹斜街134号＋136号＋138号＋140号组合中的138号、抬头巷11号＋13号＋15号＋17号组合中的15号、桐梓胡同20号、青竹巷4号；0.4~0.5米的尺寸出现了两次，出现院落分别是笤帚胡同11号、杨梅竹斜街108号＋110号＋112号＋114号组合中的114号。

（2）对各个杂院中室外公共空间宽度最大值的分析（柱状统计图见附录）。

研究杂院中居民生活的室外公共空间的规律，可以看出室外公共空间宽度的极限尺寸的整体规律。对8种平面类型样式中所有院落的室外公共空间宽度的最大值进行调查统计得到，合院型集中式院落的室外公共空间最大宽度值差别最大。排屋型中间走道式和排屋型单边走道式院落最大宽度值相对较小。绝大多数院落庭院最大宽度值都大于平均宽度1.667米，在获得数据的171处院落中仅有8处院落的室外公共空间最大宽度值小于该地区的平均宽度。它们分别是合院型集中式中的4处院落：樱桃胡同31号的1.45米、炭儿胡同3号的1.59米、炭儿胡同20号的1.49米、笤帚胡同36号的1.61米；合院型分支式的1处院落：大栅栏西街37号的1.3米；合院型组合式的1处院落：大栅栏西街67号的1.58米；排屋型单边走道式的1处院落：樱桃胡同14号的1.18米；复合型嵌套式的1处院落：青竹巷4号的1.56米。可推断，这些院落是所有调查对象中的室外公共空间最窄的8处院落。

从各类型样式杂院数量统计（表3-5）可以看出合院型集中式、合院型组合式、排屋型中间走道式、排屋型单边走道式、复合型并联式的院落室外公共空间最大宽度值在整体中偏窄。其中排屋型中间走道式和单边走道式院落的室外最大宽度值几乎都小于平均值，是普遍最窄的两种类型样式。合院型分支式、复合型嵌套式的院落普遍室外最大宽度较宽，其中排屋型混合式院落的室外最大宽度值小于平均值的数量和大于平均值的数量相等。

---

❶ 相对于规则形状的走道而言，不规则走道指宽度和方向不断变化，形状不相同的走道。
❷ 值得一提的是，1.1米和1.2米也是现代住宅建筑设计中入户门最常采用的宽度值。

表 3-5　各类型样式杂院数量统计

类型名称	大于最大平均宽度（处）	小于最大平均宽度（处）	合计
合院型集中式	38	51	89
合院型分支式	12	11	23
合院型组合式	3	9	12
排屋型中间走道式	0	7	7
排屋型单边走道式	1	8	9
排屋型混合式	3	3	6
复合型并联式	5	6	11
复合型嵌套式	9	5	14

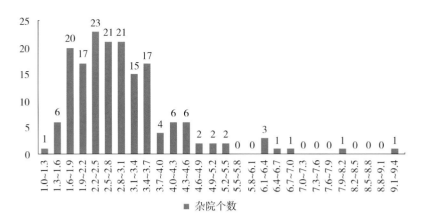

图3-18　院落数量在室外公共空间最大宽度区间的分布
（横轴代表28个最大宽度区间，纵轴代表杂院数量，单位：个）

将各类型样式杂院个体统计（表3-6）后可以看出，本地区调查的171处院落中，室外公共空间的最大宽度出现在合院型集中式中的炭儿胡同24号，宽度9.18米。经过调查，炭儿胡同24号对室外公共空间几乎没有侵占现象，室外庭院方整。结合其庭院面积占比来看，也是该地区室外公共空间占比最高的院落，高达31.54%。室外公共空间最大宽度最小的院落是合院型分支式中的大栅栏西街37号，院落中的最大宽度1.3米。

表 3-6　各类型样式杂院个体统计

类型名称	室外公共空间最大宽度值最大的院落	宽度（米）	室外公共空间最大宽度值最小的院落	宽度（米）
合院型集中式	炭儿胡同 24 号	9.18	樱桃胡同 31 号	1.45
合院型分支式	茶儿胡同 11 号	6.13	大栅栏西街 37 号	1.3
合院型组合式	茶儿胡同 35 号	4.45	大栅栏西街 67 号	1.58
排屋型中间走道式	樱桃斜街 35 号	2.95	笤帚胡同 2 号	1.74
排屋型单边走道式	桐梓胡同 24 号	3.69	樱桃胡同 14 号	1.18
排屋型混合式	樱桃胡同 8 号	4.07	延寿街 90 号	2.42
复合型并联式	樱桃斜街 134 号 136 号 138 号 140 号	4.28	抬头巷 5 号	2.04
复合型嵌套式	杨梅竹斜街 25 号	6.8	青竹巷 4 号	1.56

杂院室外公共空间最大宽度的分布情况可以反映杂院室外公共空间最大宽度的规律（图3-18），可以看出院落的室外公共空间最大宽度值集中分布在1.6~3.7米的范围，合计134处，占总数的78.82%。院落分布最少的区间中，室外公共空间最大宽度在1.6米以下的院落有7处，4.6米以上的院落有13处。

13处最大宽度在4.6米以上的院落中，合院型集中式中有9处院落，包括炭儿胡同24号的9.18米、笤帚胡同31号的7.93米、杨梅竹斜街96号的6.54米、炭儿胡同27号的6.37米、茶儿胡同31号的6.19米、笤帚胡同14号的5.35米、笤帚胡同8号的5.01米。合院型分支式中有两处，包括茶儿胡同11号的6.13米、樱桃斜街27号的4.66米；复合型嵌套式中有两处院落，包括杨梅竹斜街25号的6.8米、茶儿胡同8号的5.36米。

5. 杂院室外公共空间平面形态

杂院室外公共空间呈折线形，整体呈现类似网状分支分布的平面形态趋势（图3-19、图3-20），但院落与院落之间的室外公共空间没有联系，整个"网"的形态呈现的实际上是零散分布的孤立枝杈。

在街区平面中加入各条道路之后，所有零散分布的"枝杈"都被一条条主干联系起来，整个平面才成为"网"的形态，如图3-21所示。

大部分杂院外门都24小时不关闭。每个杂院是由多个住户组成的小社区。线性的室外公共空间自然变成社区中联系各家各户的走道，成为外部道路的分支和延伸。

通过对所有院落室外公共空间的调查分析，可以发现各个平面类型样式在院落室外面积大小和室外路径长度上有较明显的差异，并且各平面类型样式的室外面积与室外路径长度在整体趋势上有明显的正相关性。但是各平面类型样式院落的室外公共空间面积占比、室外公共空间最大宽度尺寸、最小宽度尺寸并无明显差异和规律性。

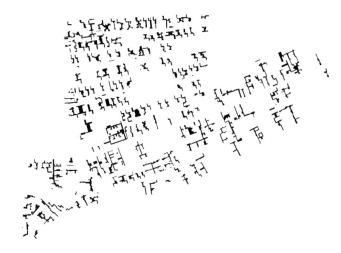

图3-19　杂院室外公共空间平面分布

图3-20　街巷与室外公共空间平面分布

院落中公共庭院与房屋建筑的平均面积比重

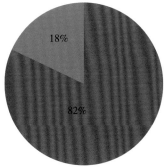

图3-21　室外公共空间平均面积与房屋建筑平均占地面积比例

---

❶ 附加于主要建筑周围建造的房间。

二、杂院中房屋空间

通过对室外公共空间的分析得知所有杂院室外公共空间的平均面积比重在整个院落中仅占17.61%。杂院内的绝大部分是房屋（图3-21）。

1. 院内主要功能房间和附建房间的数量

伴随居民对生活空间需求的增加，杂院空间不断发生演变。此处从功能角度将院落中的房屋分为两大类：一类是居民在生活居住中用于睡眠休息和日常起居的主要功能房间；另一类是居民自建的厨房、卫浴、仓储棚等附建房间。主要功能房间一般是最初建造院落时的原始房屋，其数量多少在一定程度上反映了院落的规模大小。附建房间❶是杂院居民生活中起辅助功能的房屋，多为居民临时搭建。附建房间数量主要反映了居民改造杂院空间的程度。

（1）主要功能房间的数量（柱状统计图见附录）。

合院型、排屋型中间走道式和单边走道式院落的主要功能房间数量较少，排屋型复合式、复合型并联式院落、复合型嵌套式院落的主要功能房间数量相对较多，但是个体差别较大。171处院落主要功能房间平均数量是11个房间，主要功能房间数量低于平均数的院落合计有112处，占65.88%。

从各类型样式杂院数量统计（表3-7）中可以看出，合院型集中式、排屋型中间走道式、排屋型单边走道式的院落普遍主要功能房间数量都小于平均值，主要房屋数量较少。其中排屋型单边走道式所有9处院落的主要功能房间数量都小于平均数。合院型分支式、排屋型混合式和复合型的院落普遍主要功能房间数量大于等于平均数，这些类型的院落主要功能房间数量较多。其中合院型分支式和组合式院落中主要功能房间数量小于平均数和大于等于平均数的院落数量各半。调查发现影响房屋数量的主因是院落的占地规模。

表 3-7　各类型样式杂院数量统计

类型名称	不小于平均数（处）	小于平均数（处）	合计
合院型集中式	16	74	90
合院型分支式	11	11	22
合院型组合式	6	6	12
排屋型中间走道式	1	6	7
排屋型单边走道式	0	9	9
排屋型混合式	5	1	6
复合型并联式	8	3	11
复合型嵌套式	12	2	14

表 3-8　各类型样式杂院主要功能房屋数量极限值统计

类型名称	主要功能房间数量最多的院落	数量（个）	主要功能房间数量最少的院落	数量（个）
合院型集中式	耀武胡同 32 号	17	杨梅竹斜街 77 号、樱桃胡同 31 号	3
合院型分支式	杨梅竹斜街 88 号、樱桃斜街 27 号	17	笤帚胡同 11 号、茶儿胡同 1 号	6
合院型组合式	杨梅竹斜街 35 号	31	炭儿胡同 28 号、茶儿胡同 29 号	7
排屋型中间走道式	杨梅竹斜街 51 号	16	贯通巷 1 号	4
排屋型单边走道式	杨梅竹斜街 7 号、杨梅竹斜街 93 号	10	延寿街 88 号、樱桃胡同 14 号、笤帚胡同 34 号	3
排屋型混合式	大栅栏西街 17 号	33	延寿街 90 号	6
复合型并联式	抬头巷 11 号 +13 号 +15 号 +17 号的组合	33	樱桃斜街 1 号	6
复合型嵌套式	杨梅竹斜街 25 号	48	杨梅竹斜街 105 号、桐梓胡同 22 号	6

在本地区调查的171处院落中，主要功能房间数量最多的院落是复合型嵌套式的杨梅竹斜街25号，数量48个。主要功能房间数最少的院落是合院式集中式院落中的杨梅竹斜街77号、樱桃胡同31号，各有3个房间（表3-8）。

杂院主要功能房间数量的分布情况可以反映杂院主要功能房间数量的普遍规律。从图3-22中可以看出院落的主要功能房间数量集中分布在4~15个的范围，合计142处院落，占总数的83.53%。主要功能房间数量在7~9个区间的院落数量最多，院落分布最少的区间中，主要功能房间数量在4个以下的院落有5处，19个房间以上的院落有14处。

对于院落分布较少的区间，主要功能房间数量在4个以下的5处院落中，合院型集中式中有两处，排屋型单边走道式中有3处。主要功能房间数量在19个以上的14处院落中，合院型组合式中有1处，是杨梅竹斜街35号的31个房间；排屋型混合式中有1处，是大栅栏西街17号的33个房间；复合型并联式中有6处，分别是杨梅竹斜街70号、72号、74号、76号院落组合的23个房间、杨梅竹斜街108号、110号、112号、114号院落组合的26个房间、杨梅竹斜街134号、136号、138号、140号院落组合的21个房间、抬头巷5号的23个房间、抬头巷11号、13号、15号、17号组合的33个房间、杨梅竹斜街176号和桐梓胡同2号的院落组合的32个房间；复合型嵌套式中有6处，分别是杨梅竹斜街25号的48个房间、杨梅竹斜街45号的27个房间、杨梅竹斜街90号的42个房间、桐梓胡同4号的19个房间、茶儿胡同8号的20个房间、耀武胡同30号的21个房间。

（2）院内附建房间的数量（柱状分析图见附录）。

从171处院落的附建房间数量进行统计中可看出，合院型集中式、排屋型中间走道式和单边走道式院落的附建房间数量较少；复合型院落的附建房间数量相对最多，但是个体差别较大；合院型分支式、合院型组合式、排屋型混合式院落的附建房间数量较多。统计得到171处院落附建房间平均数量是9个房间。

将各类型样式中附建房间数量与平均数比较统计（表3-9）后可看出，附建房间数量少于平均数的院落合计有111处，占总数的65.29%。各类型样式院落附建房间数量与平均数的关系与各类型中主要功能房间数量的关系基本类似。合院型集中式、排屋型中间走道

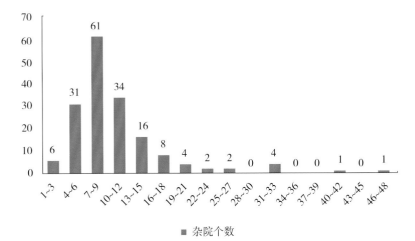

图3-22　院落数量在主要功能房屋数量区间的分布
（横轴代表房间数量区间，纵轴代表院落数量，单位：处）

式、排屋型单边走道式的院落普遍附建房间数量都小于平均数，附建房间数量相对较少。其中排屋型单边走道式所有9处院落的附建房间数量都少于平均数。合院型分支式、排屋型混合式和复合型院落普遍附建房间数量都多于平均数。

表3-9　各类型样式中附建房间数量与平均数比较统计

类型名称	不小于平均数（处）	小于平均数（处）	合计
合院型集中式	12	78	90
合院型分支式	13	9	22
合院型组合式	9	3	12
排屋型中间走道式	3	4	7
排屋型单边走道式	0	9	9
排屋型混合式	5	1	6
复合型并联式	6	5	11
复合型嵌套式	12	2	14

将各类型样式的个体杂院最大值与最小值情况统计（表3-10）后，可以看出本地区调查的171处院落中，附建房间数量最多的院落是复合型嵌套式的杨梅竹斜街25号，数量35个。附建房间数最少的院落是合院式集中式院落中的杨梅竹斜街22号，数量为0。

表3-10　各类型样式中附建房间数量极限值统计

类型名称	附建房间数量最多的院落	数量（处）	附建房间数量最少的院落	数量（处）
合院型集中式	炭儿胡同15号、耀武胡同18号	12	杨梅竹斜街22号	0
合院型分支式	樱桃斜街27号	31	茶儿胡同1号	3
合院型组合式	杨梅竹斜街35号	25	炭儿胡同28号	3
排屋型中间走道式	杨梅竹斜街51号	11	笤帚胡同2号	3
排屋型单边走道式	杨梅竹斜街101号、樱桃斜街19号、桐梓胡同24号	8	延寿街88号、笤帚胡同34号	3
排屋型混合式	大栅栏西街17号	21	延寿街90号	3
复合型并联式	杨梅竹斜街176号和桐梓胡同2号的院落组合	32	杨梅竹斜街56号+58号的院落组合、杨梅竹斜街124号+126号+128号的院落组合	5
复合型嵌套式	杨梅竹斜街25号	35	杨梅竹斜街105号	3

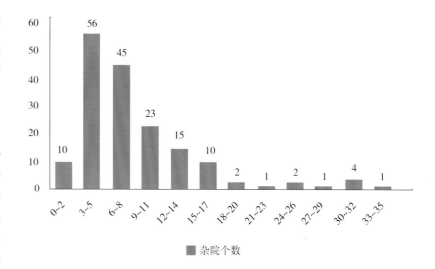

■ 杂院个数

图3-23　院落数量在附建房间数量区间的分布
（横轴代表房间数量区间，纵轴代表院落数量，单位：处）

杂院附建房间数量的分布情况可以反映杂院附建房间数量分布的普遍规律。从图3-23中可以看出院落的附建房间数量集中分布在17个以下的范围，合计159处院落，占总数的93.53%。附建房间数量在3~8区间范围的院落数量最多。18~35个房间的院落最少，合计有11处。附建房间与主要功能房间的院落数量区间分布总体趋势也相近。

对于院落分布较少的区间，附建房间数量在18个以上的11处院落中，合院型分支式中有1处，是杨梅竹斜街27号的31个房间；合院型组合式中有1处，是杨梅竹斜街35号的25个房间；排屋型混合式中有2处，分别是大栅栏西街17号的21个房间和樱桃胡同5号的18个房间；复合型并联式中有4处，分别是杨梅竹斜街108号、110号、112号、114号院落组合的27个房间、抬头巷5号的30个房间、抬头巷11号、13号、15号、17号院落组合的26个房间、杨梅竹斜街176号和桐梓胡同2号的院落组合的32个房间；复合型嵌套式中有3处，分别是杨梅竹斜街25号的35个房间、杨梅竹斜街90号的31个房间、杨梅竹斜街156号的20个房间。

2. 杂院房屋各功能空间

（1）杂院房屋中卧室空间（柱状统计图见附录）。

将卧室空间单独从街区平面中抽取并填色（图3-24）可以看出，卧室空间分布最密集，个体普遍较大。在实地调查中发现，杂院中各住户房屋最主要的功能空间为卧室空间。由于杂院中住房紧张，大部分的住户卧室兼具起居会客和餐厅的功能。

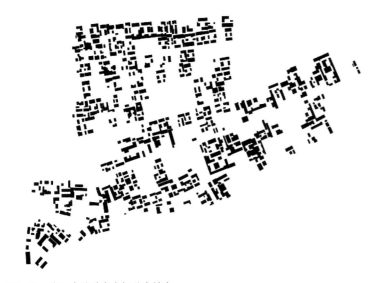

图3-24　街区中的卧室空间分布填色

各类型样式杂院中卧室空间面积进行测量和统计后可得出，复合型院落卧室空间面积柱状图在整体中最长但是个体之间相差悬殊，合院型集中式、排屋型中间走道式和排屋型单边走道式的柱状图在整体中最短。本地区调查的171处院落及院落组合中，杨梅竹斜街22号全部腾退，现在处于空置状态，杨梅竹斜街2号未测量。调查分析剩余169处杂院的卧室得到总卧室面积18 377平方米，占房屋总面积的45.06%。经过计算，杂院卧室平均面积是109.13平方米（约数）。在171处院落中，卧室面积低于平均线值109.13平方米的院落有107处。占总数的62.57%。

对比各类型院落中卧室面积与卧室平均面积（表3-11）可知，合院型集中式、排屋型中间走道式、排屋型单边走道式的大部分院落卧室面积少于院落卧室平均面积。合院型分支式、合院型组合式、排屋型混合式和复合型两种样式的大部分院落卧室面积大于院落卧室的平均面积。

表 3-11　杂院各类型院落数量统计（对卧室面积与卧室平均面积的比较）

类型名称	大于平均值	小于平均值	合计
合院型集中式	19	69	88
合院型分支式	15	8	23
合院型组合式	7	5	12
排屋型中间走道式	1	6	7
排屋型单边走道式	1	8	9
排屋型混合式	5	1	6
复合型并联式	7	4	11
复合型嵌套式	10	4	14

将各类型样式中卧室面积极限值统计（表3-12），可以看出169处院落中卧室面积最大的院落是复合型嵌套式的杨梅竹斜街25号，共计648.84平方米。卧室面积最小的院落是合院式集中式院落中的笤帚胡同18号，共计11.49平方米。

表 3-12　各类型样式中卧室面积极限值统计

类型名称	卧室面积最大的院落	面积（平方米）	卧室面积最小的院落	面积（平方米）
合院型集中式	杨梅竹斜街 96 号	211.74	笤帚胡同 18 号	11.49
合院型分支式	樱桃斜街 88 号	316.98	耀武胡同 6 号	38.38
合院型组合式	杨梅竹斜街 35 号	280.4	炭儿胡同 28 号	21.39
排屋型中间走道式	杨梅竹斜街 53 号	199.8	贯通巷 1 号	48.78
排屋型单边走道式	桐梓胡同 24 号	116.67	樱桃胡同 14 号	13.04
排屋型混合式	大栅栏西街 17 号	292.65	延寿街 90 号	40.15
复合型并联式	杨梅竹斜街 176 号和桐梓胡同 2 号	341.02	樱桃斜街 1 号	60.22
复合型嵌套式	杨梅竹斜街 25 号	648.84	桐梓胡同 22 号	34.78

杂院在卧室面积区间中的分布情况可以反映杂院卧室面积的主要范围与分布情况。从图3-25中可以看出院落的卧室面积集中分布在30~150平方米的范围，合计131处，占总数的77.51%。院落数量分布少的区间中，卧室面积在30平方米以下的院落有7处，卧室面积在150平方米以上的院落有31处。

经调查统计得到169处院落卧室平均面积为109.13平方米。

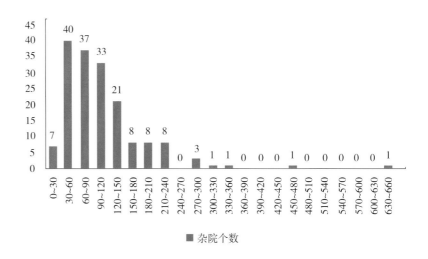

图3-25　杂院数量在卧室面积区间的分布
（横轴代表22个面积区间，纵轴代表杂院数量，单位：个）

在8种类型样式中，有5种样式高于平均线，分别是合院型分支式、合院型组合式、排屋型混合式、复合型并联式、复合型嵌套式。3种样式低于平均线，分别是合院型集中式、排屋型中间走道式和排屋型单边走道式。卧室平均面积最大的类型样式是复合型嵌套式，最小的是排屋型单边走道式（图3-26）。

（2）各类型杂院房屋中厨房空间（柱状统计图见附录）。

杂院中居民自建扩建的附建房间主要是厨房空间，如图3-27所示。一部分条件较好的厨房兼具餐厅功能；有些设施较差的厨房仅仅是住户搭建的简易棚❶，或者仅仅能放下灶台的空间。

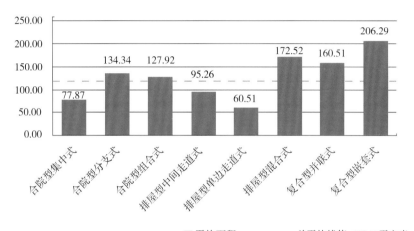

图3-26　各类型样式卧室平均面积统计
（横轴代表类型名称；纵轴代表卧室平均面积值，单位：平方米）

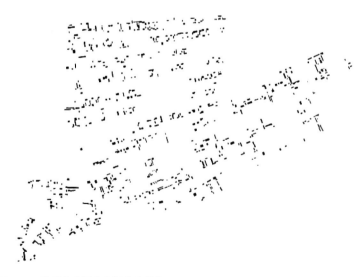

图3-27　街区中的厨房空间分布填色

院落厨房空间中，合院型集中式院落的厨房面积整体上较小，面积值波动平缓。复合型和排屋型混合式的厨房面积柱状图在整体中较长但是个体之间相差悬殊。在177处院落中，有5处院落未调查厨房，合院型集中式中有4处，排屋型单边走道式中有1处，统计分析厨房的院落合计166处，总使用面积3323.04平方米，占房屋总面积的8.15%。经过计算，杂院厨房平均面积是19.9平方米（约数）厨房的总体分布情况如图3-27所示。

在166处院落中合计有110处院落的厨房面积小于厨房平均面积，占总数的66.27%。各类型样式中有5种样式的大部分院落厨房面积小于厨房平均面积，分别是合院型集中式、合院型组合式、排屋型中间走道式、排屋型单边走道式、复合型嵌套式；其他3种样式的大部分院落厨房面积大于平均面积（表3-13）。

表 3-13　杂院各类型院落数量统计（厨房面积）

类型名称	大于平均值（处）	小于平均值（处）	合计
合院型集中式	19	67	86
合院型分支式	13	10	23
合院型组合式	4	8	12
排屋型中间走道式	3	4	7
排屋型单边走道式	1	7	8
排屋型混合式	4	2	6
复合型并联式	6	5	11
复合型嵌套式	6	8	14

在大栅栏地区调查的166处院落及院落组合中，厨房面积最大的院落是复合型嵌套式的杨梅竹斜街25号，共计135.36平方米；厨房面积最小的院落是合院式集中式院落中的桐梓胡同24号，共计1.19平方米（表3-14）。

表 3-14　各类型样式院落中厨房面积极限数值统计

类型名称	厨房面积最大的院落	面积（平方米）	厨房面积最小的院落	面积（平方米）
合院型集中式	杨梅竹斜街 96 号	43.73	杨梅竹斜街 77 号	1.46
合院型分支式	耀武胡同 24 号	42.94	茶儿胡同 1 号	6.16
合院型组合式	杨梅竹斜街 35 号	70.67	大栅栏西街 49 号	3.9
排屋型中间走道式	杨梅竹斜街 53 号	45.48	樱桃斜街 35 号	11.46
排屋型单边走道式	桐梓胡同 24 号	41.87	樱桃胡同 14 号	1.19
排屋型混合式	樱桃胡同 5 号	60.13	延寿街 90 号	6.49
复合型并联式	杨梅竹斜街 176 号和桐梓胡同 2 号	86.26	杨梅竹斜街 34 号 136 号 138 号 140 号的院落组合	6.05
复合型嵌套式	杨梅竹斜街 25 号	135.36	茶儿同 8 号	4.38

❶ 简易棚：简单搭建的棚子，是临时搭建的建筑的一种。

杂院在厨房面积区间中的分布情况可以反映杂院厨房面积的主要范围。

院落的厨房面积从分析中可以看出主要集中分布在0~30平方米的范围，合计140处，占总数的84.34%。厨房面积在30平方米以上的院落数量较少，合计26处（图3-28）。

经调查统计得到166处院落厨房平均面积为19.9平方米。分析各平面类型的厨房平均面积（图3-29）可得，在8种类型样式中，有6种样式的平均面积高于平均线，分别是合院型分支式、合院型组合式、排屋型中间走道式、排屋型混合式、复合型并联式、复合型嵌套式。两种样式的平均面积低于平均线，分别是合院型集中式、排屋型单边走道式。厨房平均面积最大的类型样式是排屋型混合式，最小的是合院型集中式。

（3）各类型样式杂院房屋中的卫浴空间布局。

在北京大栅栏地区的胡同中，公共厕所是家家户户生活如厕的地点，洗澡要上胡同的公共澡堂。像起居室一样，拥有卫浴房间在拥挤

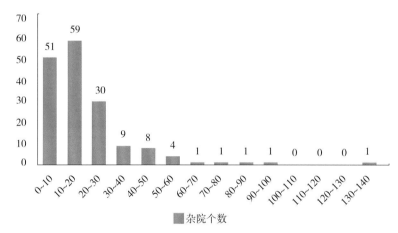

图3-28　杂院数量在厨房面积区间的分布
（横轴代表14个面积区间，纵轴代表杂院数量，单位：个）

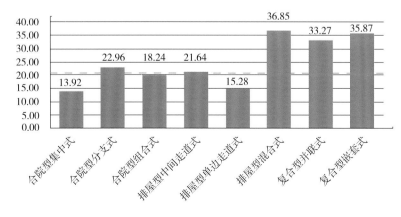

图3-29　各类型样式厨房平均面积统计
（横轴代表类型名称，纵轴代表厨房平均面积值，单位：平方米）

的杂院生活中也是相对奢侈的。有的住户因为下水问题很难解决，只有浴室并无卫生间。有些浴室与厨房合并。有单独卫生间和浴室的住户较少，有单独卫生间浴室的院落数量就相对更少。

在171处院落中有卫浴空间的院落较少，合计只有55处（柱状统计图见附录）。各卫浴空间面积大小也差别较大，面积合计176.32平方米，仅占房屋总面积的0.43%。计算得到这55处院落房屋中卫浴空间平均面积为3.2平方米。

在55处院落中，卫浴面积大于平均面积的院落合计有24处，小于平均面积的院落有31处。合院型集中式、合院型分支式、排屋型中间走道式、排屋型单边走道式，这4种样式的绝大部分院落的卫浴面积小于平均值，其余4种类型样式的院落大部分的卫浴面积大于平均值（表3-15）。

表3-15　杂院各类型样式院落数量统计（房屋中卫浴面积）

类型名称	大于平均值	小于平均值	合计
合院型集中式	12	18	30
合院型分支式	1	6	7
合院型组合式	4	3	7
排屋型中间走道式	0	1	1
排屋型单边走道式	0	1	1
排屋型混合式	2	0	2
复合型并联式	2	1	3
复合型嵌套式	3	1	4

卫浴面积最大的院落是合院型组合式院落中的大栅栏西街49号，面积为10.39平方米；面积最小的是合院型集中式院落中的笤帚胡同10号，面积为0.85平方米（表3-16）。

表3-16　各类型样式房屋中卫浴面积极限值统计

类型名称	起居室面积最大的院落	面积（平方米）	起居室面积最小的院落	面积（平方米）
合院型集中式	炭儿胡同27号	6.8	笤帚胡同10号	0.85
合院型分支式	茶儿胡同11号	4.57	樱桃斜街27号	1.23
合院型组合式	大栅栏西街49号	10.39	炭儿胡同21号	1.04
排屋型中间走道式	抬头巷2号	2.14	无	无
排屋型单边走道式	延寿街8号	1.98	无	无
排屋型混合式	樱桃斜街23号	5.49	延寿街90号	4.8
复合型并联式	杨梅竹斜街176号和桐梓胡同2号的院落组合	3.73	杨梅竹斜街24号	1.49
复合型嵌套式	耀武胡同12号	7.06	杨梅竹斜街156号	2.5

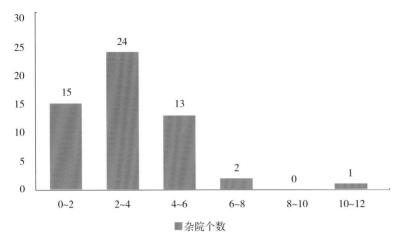

图3-30 杂院在卫浴面积区间的数量分布
（横轴代表6个面积区间，纵轴代表杂院数量）

杂院房屋中的卫浴面积区间分布情况可以反映杂院卫浴面积的主要范围。从杂院在卫浴面积区间的数量分布（图3-30）中得出，55处院落的卫浴面积集中分布在0~6平方米的范围，合计52处，占总数的94.55%；院落数量分布少的区间中，卫浴面积在6平方米以上的院落有3处。

3．杂院中房屋内部的其他空间

（1）储藏收纳空间。

在所调查的大栅栏地区的杂院中，由于住房紧张，储藏空间严重缺乏。杂院中的储藏空间一般分为两类，一类是独立的储藏空间，另一类是依附别的功能空间的储藏空间。

将第一类的独立储藏房间从街区平面中抽取并填色，如图3-31所示。从图中可以看出，街区中的储藏空间数量较少，个体普遍较小。经过调查，171处院落中有93处院落中有大小不同的单独储藏用途的房间，面积合计971.32平方米，仅占房屋总面积的2.38%。

两类储藏空间中，一类独立的储藏空间中分两种情况：第一种是住户自家有空余的房间作为储藏空间；第二种是居民在庭院中自建储藏用的棚屋。但当居民没有条件单独储藏杂物时，储藏收纳空间就依附别的空间存在，这一类储藏空间分为两种情况：第一种情况是与生活的功能房间（卧室、起居、厨房）结合储藏，包括屋中的橱柜等；第二种是在室外公共空间中堆放杂物，如图3-32所示。

（2）单独交通空间。

大栅栏地区杂院房屋建筑中的交通空间分为两类：一类是走廊空

图3-31 街区中的厨房空间分布填色

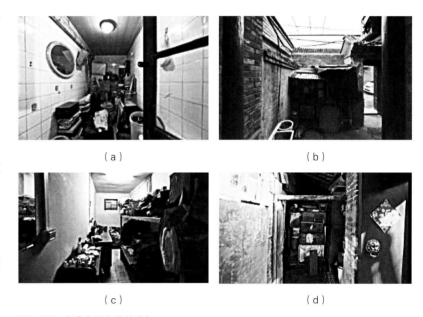

（a）	（b）
（c）	（d）

图3-32 杂院房屋中收纳空间
（a）住户自家有空余房作储藏空间；（b）杂院中自建储藏棚屋；（c）与生活功能房结合储藏；（d）室外空间中堆杂物

间；另一类是居民扩建的玄关空间[1]。

大栅栏街区中的室内纯交通空间数量很少（图3-33）。经过调查，171处院落中大概有45处院落中有大小不同的室内纯交通空间，面积合计308平方米，仅占房屋总面积的0.8%。

两类室内交通空间中，第一类走道空间有三种形式：一是原先四合院中的南北房的外廊空间演变而来；二是楼房建筑中的外廊走道和楼梯；

---

[1] 玄关空间：是指杂院中各个家庭中入门处的一段室内转折空间，是屋外和屋内的缓冲，使屋外与屋内有一定的分隔。

图3-33 街区中的室内交通空间分布填色

（a）　　　　　　　　　　（b）

（c）　　　　　　　　　　（d）

（e）　　　　　　　　　　（f）

图3-34 杂院房屋中交通空间
（a）南北房外有了走道和楼梯；（b）连接住户房间的走道；（c）连接住户房间的；
（d）连接住户房间的走道；（e）自建玄关1；（f）自建玄关2

三是有连接住户房间的走道；第二类玄关空间是杂院中的住户为了创造居室的私密性，自行建造的如图3-34所示。

（3）空置空间。

　　大栅栏地区杂院房屋建筑中的空置房间有两类：一类是政府主导的居民自愿腾退❶空间；另一类是居民搬走之后的闲置房间。

　　从空置空间分布（图3-35）可以看出，除了卧室空间，街区中的腾退空间数量相比其他房间较多，个体有大有小。大栅栏地区中本书调研的171处院落及院落组合中截止到2016年6月1日有83处院落有不同数量的住户自愿腾退，腾退面积至少在4110平方米以上，占房屋总面积的10%以上，并且还有未调研的其他整院所有住户自愿腾退。随着北京城区人口疏解计划的施行，大栅栏地区的人口会不断减少，腾退的住户也会越来越多，空置的房屋也会越来越多。

三、杂院中的室外公共空间与房屋空间关系

　　将杂院按照房屋占地面积和室外公共空间面积的限定进行散点分布分析，可以看出院落呈正方向上的线性趋势分布，房屋占地面积和室外公共空间面积之间呈正相关趋势（分析图见附录）。

　　室外公共空间是杂院空间组织的核心部分。对室外公共空间的结论归纳如下。

　　第一，室外公共空间面积方面，复合型院落室外公共空间面积普遍较大，排屋型中间走道式和排屋型单边走道式的院落室外公共空间

图3-35 街区中空置空间分布填色

---

❶ 自愿腾退：政府为了疏解老城胡同，采取"自愿腾退"的方式，并会制定相关的腾退办法及补偿措施。

面积普遍最小。院落的室外公共空间面积集中在0~80平方米的范围，集中分布在区域北半部分的炭儿胡同、笤帚胡同、茶儿胡同、耀武胡同及桐梓胡同。室外公共空间面积在80平方米以上的杂院数量很少，零星分布在区域南半部分的杨梅竹斜街、大栅栏西街、抬头巷等区域。院落室外公共空间的面积比例与平面形态类型没有相关性。院落的室外公共空间面积占比集中在10%~28%的范围。

第二，室外公共空间路径长度方面，复合型院落路径长度在整体中最长但是个体之间相差悬殊，排屋型中间走道式和排屋型单边走道式的路径长度在整体中最短。院落的室外公共空间路径长度集中分布在0~50米的范围。

第三，室外公共空间宽度方面，室外公共空间的所有宽度值在1.1~1.2米附近最为集中。杂院的室外公共空间最大宽度值集中分布在1.6~3.7米的范围，最小宽度值集中分布在0.5~1.3米的范围。

第四，室外公共空间的平面形态方面，所有线性的室外公共空间被道路主干联系起来之后，整个街区成为一张交通"网"。线性的室外公共空间自然变成社区中联系各家各户与外部道路的内部巷道，成为外部道路的分支和延伸。

杂院内的房屋建筑是杂院的主要构成部分。对房屋空间的结论归纳如下。

第一，主要功能房间方面，合院型、排屋型中间走道式和单边走道式院落的主要功能房间数量较少，排屋型复合式、复合型院落的主要功能房间数量相对较多。杂院的主要功能房间数量集中分布在4~15个的范围。

第二，附建功能房间方面，合院型集中式、排屋型中间走道式和单边走道式院落的附建房间数量较少；复合型院落的附建房间数量相对最多，但是个体差别较大；合院型分支式、合院型组合式、排屋型混合式院落的附建房间数量较多。附建房间数量在3~8个的杂院数量最多。

第三，主要功能房间与附建房间的数量相关性方面，两者之间在整体上呈现较明显的正相关趋势。大部分院落的主要功能房间数量多于附建房间数量，即大部分杂院的改造强度相对较小。

第四，卧室面积方面，复合型杂院中卧室总面积普遍较大但是个体院落之间相差悬殊；合院型集中式、排屋型中间走道式和排屋型单边走道式的院落中卧室总面积最小。杂院的卧室总面积集中分布在30~150平方米的范围。各类型样式院落房屋中的卧室总面积比例并无差异和规律性。杂院的卧室总面积占房屋建筑面积比例集中分布在30%~70%的范围。

第五，起居室方面，在171处杂院中有起居室的院落较少，合计只有43处，各院落的起居室总面积大小也差别较大。43处院落的院落起居室总面积集中分布在0~30平方米的范围，合计38处。合院型集中式杂院的单个院落起居室总面积在房屋中的占比整体上较其他类型大。43处杂院的单个院落起居室总面积占院落中房屋建筑面积的比重集中分布在0~15%的范围，合计39处，在平均值7.48%数值附近分布的院落数量最多。

第六，厨房方面，合院型集中式的单个院落厨房总面积整体上较小，各杂院个体面积值波动平缓。复合型和排屋型混合式的单个杂院厨房总面积普遍较大但是个体之间相差悬殊。单个院落的厨房总面积集中分布在0~30平方米的范围，合计140处。各类型样式院落房屋中厨房面积占比柱状图波动并无规律。杂院的厨房面积占房屋面积比重集中分布在3%~15%的范围，合计137处。

第七，卫浴间方面，在171处杂院中有卫浴间的杂院较少，合计只有55处。单个杂院卫浴间总面积集中分布在0~6平方米的范围，合计52处。卫浴间在房屋的比例方面，合院型集中式的杂院卫浴间总面积占比普遍较大。55处院落的卫浴间面积集中分布在0.5%~1.5%的范围及附近。

第八，其他房间方面，171处院落中有93处院落中有大小不同的单独储藏用途的房间，大概有45处院落中有大小不同的室内纯交通空间，有83处院落有不同数量的住户自愿腾退并且还有未调研的其他整院所有住户自愿腾退。

从房屋建筑各空间使用面积比例（图3-36）中可以看出，卧室使用面积所占比例最高，为50.1%。室外公共空间占23.65%，绝大部分是居民生活必不可少的室外交通空间。厨房和空置房间的使用面积

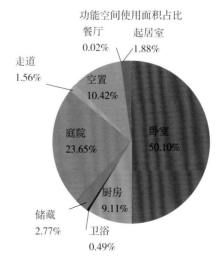

图3-36　房屋建筑各空间使用面积比例

在10%左右，厨房空间主要是居民自建而成。空置空间的原因有两点：一是居民自发搬走；二是受政府腾退政策影响，出让房屋搬离此地。储藏空间的使用面积占2.77%。单纯的起居功能空间和单纯的室内走道空间使用面积分别占1.88%和1.56%。大栅栏地区的杂院中，绝大部分居民家中没有单独的起居室或者客厅，卧室兼起居空间是杂院生活中的常态。室内走道空间都出现在四合院内，大部分走道空间是杂院化之前的四合院中的外廊遗留下来的。卫浴空间的使用面积仅占0.49%，公共厕所和公共澡堂的设置解决了一部分的卫浴短缺问题，但是其各种不便性随着居民生活要求的提升日渐显现出来，所以部分居民在自家自行安装了卫浴设施。单独的餐厅空间面积仅占0.02%，调研区域内的杂院中仅有茶儿胡同14号一个杂院中存在一间单独的餐厅，面积为6.62平方米。其他杂院中，居民有在卧室兼起居室中用餐，或在起居室中用餐，或在厨房中用餐，或者在庭院和院落中用餐。在杂院生活中，由于居住空间紧张，多种生活功能需求复合到一个空间成为常态，并且所有生活需求都集中在卧室中解决。

第四部分　杂院现状空间的细部

一、院门

1．杂院的院门数量和位置

大多数杂院的入口都只有一个，只有少数能联通两条街道的大型杂院会有后门。在几种类型样式的杂院中，合院型院落开门位置多与北京传统四合院的开门位置一致，在院落的东南角。有一部分的开门位置在中间，如杨梅竹斜街35号（图4-1左）、杨梅竹斜街75号、杨梅竹斜街119号、杨梅竹斜街121号。还有的院子在两条道路的拐角处，院门会选择开在院落的侧面，如茶儿胡同1号（图4-1右）、杨梅竹斜街71号、贯通巷1号（排屋型中间走道式）、桐梓胡同8号、樱桃胡同18号、扬威胡同甲7号。但是并不是所有在街道拐角处的杂院开门都在侧墙面，如炭儿胡同6号，其院门就开在东南角方位。

排屋型的院落开门位置有两处：第一种开门位置的入口方向与院内室外走道方向一致，进入院门之后，走道两侧或单侧为房屋入口，如笤帚胡同34号；第二种开门位置的入口方向与院内室外走道的方向垂直，进入院门先要经过一条门道，转弯之后的走道两侧才是房屋入口，如笤帚胡同2号（图4-2）。

复合型并联式院落中，开门位置有两种情况：第一种是胡同上有大门，并联式的各个杂院又和排屋型的开门位置单独设置门，例

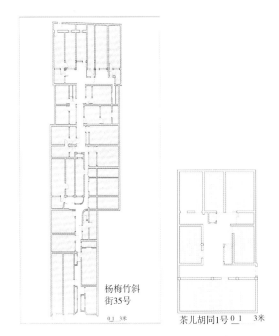

图4-1　杨梅竹斜街35号平面（左）和茶儿胡同1号平面（右）

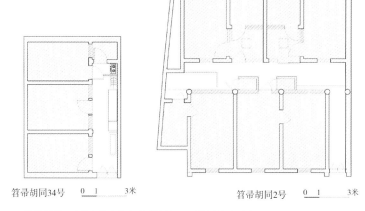

图4-2　笤帚胡同34号平面（左）和笤帚胡同2号平面（右）

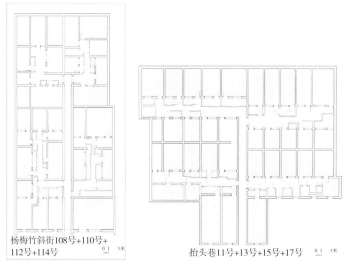

图4-3　杨梅竹斜街108号+110号+112号+114号平面（左）抬头巷11号+13号+15号+17号平面（右）

如杨梅竹斜街108号+110号+112号+114号的院落组合（图4-3）；第二种是在胡同上没有院门，只是在巷道并联的各个杂院内单独设置院门，如抬头巷11号+13号+15号+17号的院落组合。贯通巷15号在院落组合中单独设置的院门已经毁坏，一直长期处于无院门的状态，与此相似的还有杨梅竹斜街176号最内部的院落直接没有院门。而复合型嵌套式院落中的开门位置与合院型和排屋型的院门位置情况完全一致。

2．杂院的院门样式

大栅栏地区的杂院绝大部分只有一处正门，有后门的很少，并且

大多都已废弃。根据样式可以将此地区的院门归纳为五种类型，分别是金柱大门、蛮子门、如意门、墙垣式门、其他门。在调查的201处院门中，如意门和墙垣式门是杂院最普遍的院门样式。其中如意门有78处，墙垣式门有113处，蛮子门5处，金柱大门2处。还有一些门是居民自己安装的金属门。其中数量最多的为墙垣式门。

（1）金柱大门❶。

大栅栏地区有两处金柱大门，分别是杨梅竹斜街61号和杨梅竹斜街96号。杨梅竹斜街61号门前檐口高2.8米，门前空间净宽2.7米，净深1.6米。整个门占用了完整的一个3米开间，外侧的一步台阶是在近几年杨梅竹斜街整体整修过程中新修的。门前有一对带小石狮子的抱鼓石❷。门扇部分净宽约1.4米，高约2米。整个门漆为土红色，看不到雕梁画栋的装饰。杨梅竹斜街96号，因为有台基高出街道0.9米，所以整体院落被抬高，门前檐口高度4.4米，门前空间净宽2.6米，净深1.5米。加上墙的厚度尺寸，整个门也是3米的宽度。门前有6步向上的台阶。门扇前的两边也有一对抱鼓石，整个门施朱漆（图4-4）。

（2）蛮子门❸。

大栅栏地区调查发现5处杂院的院门是蛮子门，分别是合院型组合式的杨梅竹斜街16号、杨梅竹斜街35号、复合型嵌套式的杨梅竹斜街

| 杨梅竹斜街16号 | 杨梅竹斜街25号 | 杨梅竹斜街35号 | 茶儿胡同10号 | 笤帚胡同1号 |

图4-5　蛮子门案例

25号，合院型集中式的茶儿胡同10号，合院型分支式的笤帚胡同1号（图4-5）。

杨梅竹斜街35号与杨梅竹斜街25号的院门最宽。除了杨梅竹斜街96号台基最高，檐口高度加上地上台基高4.4米之外，其他各个院门的檐口高度都在3米左右。杨梅竹斜街上的门扇都在1.5米以上，其他胡同中的两处蛮子门扇1.2米宽。各个院门的台基高度根据各自院落的整体地平高度也各有不同。见表4-1。

表4-1　院门参数

杂院名称	院门宽（米）	外檐口高度（米）	门扇净宽（米）	门扇净高（米）	台基高（米）
杨梅竹斜街 16 号	2.69	2.8	1.5	2.5	0.15
杨梅竹斜街 25 号	3	2.8	1.5	2.5	−0.6
杨梅竹斜街 35 号	3.2	3.4	1.9	2.2	0.45
茶儿胡同 10 号	2.2	3.2	1.2	2.2	0.1
笤帚胡同 1 号	1.6	3	1.2	2.2	0.15

其中院落规模最大的杨梅竹斜街25号因为院落的地平高度低于外部街道，所以院门是下台阶式。除了杨梅竹斜街25号的下台阶式院门，杨梅竹斜街35号的蛮子门也有不同，由于门内地平高于外部街道，所有门前有45厘米向上的斜坡。门扇两边的挡板向内倾斜，院门呈喇叭形，门扇开在内口处。与金柱大门颜色类似，杨梅竹斜街上的蛮子门的漆色是土红色。茶儿胡同10号与笤帚胡同1号的蛮子门尺寸上较小，门上是新漆的朱红色漆。

（3）如意门。

金柱大门和蛮子门在古代属于官宦和富商的宅院门，调研的大栅

图4-4　金柱大门案例

---

❶ 金柱大门：中国建筑中的一种屋宇宅门，在等级上低于广亮大门，高于蛮子门、如意门，为官宦人家使用，属于北京四合院宅门中的一种。金柱大门与广亮大门的区别在于：门扇在前檐金柱之间，而不设在中柱之间，比广亮大门向外推出了一架柱（1.2~1.3米）。金柱大门的木构架一般采用五檩前出廊式，个别采用七檩前后廊式，平面列三排或四排柱子，即前檐柱、前檐金柱（后檐金柱）、后檐柱。金柱上承三架梁或五架梁。檐柱、金柱间穿插柱或抱头梁。外檐檐枋之下省替作为装饰。

❷ 抱鼓石：一般位于传统四合院大门底部门庁的入口，形似圆鼓，属于门枕石的一种。因为它有一个犹如抱鼓的形态承托于石座之上，故此得名。

❸ 蛮子门：商人富户常用的宅门形式，与金柱大门结构基本相同，不同的是将槛框、余塞板、门庁等安装在前檐檐柱之间，门庁外没有容身空间。砖雕装饰彩绘也略显逊色。

栏地区中并不多，比较多的是古代普通百姓宅院使用的如意门。在大栅栏地区，凡是由传统北京四合院演变而来的杂院，大部分为如意门。其中以合院型杂院居多，平面样式上又以分支式和组合式为主，也包括集中式的一部分杂院（图4-6）。

大部分如意门❶外门柱之间的净宽在1.5米以下，朱漆，大部分院门的屋檐高度都在2.9~3.4米之间。门扇上多以简单的木隔板镶嵌，门扇周边是实墙的在门扇上面多有简单线脚，鲜有花纹装饰。合院型分支式的

樱桃斜街27号是最大的如意门，门柱间的净宽3米，院门占用了一个完整的房屋开间，并且有6步向上的大台阶，门上有线脚和花纹装饰。

（4）墙垣式门。

墙垣式门是数量最多的院门样式。在古代，多数墙垣式门也是最低级的院门样式，是普通老百姓的住宅门。墙垣式门的门宽多为1.1米、1.2米、1.4米，甚至1米以下。其数量较多（很多墙垣式门都是新建的），宽窄不一，较无规律性。本书所梳理的墙垣式门依据样式又

图4-6 如意门案例

---

❶ 如意门：在前檐柱间砌墙，墙上留门洞，装门槛框、门扇等。门洞左右角，多有一组挑出的如意头样式的砖雕檐柱，门口上的两只门簪多刻"如意"字样，以求"万事如意"，多是普通百姓家采用。等级上低于王府大门、广亮大门、金柱大门、蛮子门，高于墙垣式门。

可以归纳为五类：一是普通墙垣式门，二是拱门，三是花砖装饰门头门，四是中西合璧门，五是其他样式的门。

1）普通墙垣式门。在大栅栏地区分布数量最多的墙垣式门中，主要院门样式是普通墙垣式门。在普通墙垣式门中又分两种：一种在倒座房屋墙上开门，有内部门道；另一种门不是从房屋的墙上开门，而是在单独的院墙上开门，内部没有门道。普通墙垣式门（图4-7）多以门楼门❶形式出现，有内部门道和无内部门道的普通墙垣式门中都有，但是以有门道的门楼式门居多，如茶儿胡同29号为标准的门楼式门。无门道的墙垣式门大多很简陋，直接在门洞上方搭一横梁，下方开门，没有

任何附带装饰，如杨梅竹斜街72号、76号，茶儿胡同1号；更有简陋的院门，门扇只有一扇或两扇窄门板，门洞宽度在1米或更窄，如杨梅竹斜街105号院门即为宽度仅为0.8米的单扇门，抬头巷17号的院门也为单扇门，宽度仅为0.7米；抬头巷11号和13号是双扇院门，宽度也仅为1米（图4-8）。在房屋墙上开门，内部有门道的墙垣式门相对较宽，门扇多为两扇，宽度多以1.1米、1.2米、1.4米居多，如耀武胡同6号和8号院门门洞宽1.4米，笤帚胡同10号和11号院门门洞宽1.2米，抬头巷21号、23号、25号、27号院门门洞的宽度都为1.1米。从颜色上来看，现状基本都是统一漆朱漆，材质基本都是木门。有少数几处墙垣式门的门扇被拆除换了铁门，如抬头巷11号为双扇朱漆铁门，笤帚胡同18号院门门扇拆除之后换成了楼房住宅户门中常用的单扇防盗金属门，笤帚胡同12号是在外门外的檐口下又设置安装了一道金属折叠门。

图4-7 有门道的普通墙垣式门案例

图4-8 无门道的普通墙垣式门案例

❶ 门楼门：指带有门头，并不依附于房屋，可独立存在的门。一般指杂院设置在院墙上的门，区别于四合院中的如意门、金柱大门等存在于倒座房屋中的门。

2）拱门。墙垣式门中除了上述最常见的形式，还有一种拱门形式，其主要特点是门洞上方的门梁不是简单的木质或者水泥横梁，而是砖砌的圆拱（图4-9）。

3）花砖装饰门头门。在大栅栏地区一部分墙垣式门不做门楼，而是做成门头，用砖和瓦砌成镂空的图案或者在门头上绘画写字。此类样式的墙垣式门都在院墙上，不会在房屋墙上出现（图4-10）。

4）中西合璧门。这种墙垣式门的装饰更为复杂，此处将其称为中西合璧门（图4-11）。

大栅栏地区调查中的中西合璧门有两种样式：一种在门洞两侧装饰西式的壁柱，门上方装饰西式线脚，如杨梅竹斜街45号和75号；另一种在整个门头上方会装饰砖砌或者石砌的图形，有半圆形西式浮雕，或者洋葱形状雕塑等，很多都有宗教意味，如茶儿胡同15号的院门两侧为西式方壁柱，门头上方装饰梅花形状的雕塑。

5）其他样式的门。除了以上四种院门样式，在大栅栏地区还发现一些无法用传统样式归类的院门。门宽多为0.9米或1.2米，这些门多为20世纪末直到最近几年居民新安装的门，有双扇铁门、折叠金属门及楼房住宅中多见的单扇金属防盗门等，开门方式多采用现代建筑的开门方式，并不沿袭传统的四合院门形式，没有门头、门楼，只有雨篷（图4-12）。

图4-9　墙垣式拱门

图4-12　其他样式门

二、入口门道

入口门道在最初出现时的功能就是走道。大栅栏地区入口门道呈现三种不同的状态，分别是存放物品、同时加建小型房屋和存放物品，以及既无加建房屋也无存放物品。

1. 存放物品

存放物品是大栅栏地区居民对杂院入口门道空间利用的主要方式。物品的存放方式有三种：一是直接贴门道墙边摆放，二是利用门道上空的吊顶空间存放，三是前两者结合存放。物品主要以橱、柜等旧家具，木板、木条、梯子等建筑材料，电动车和自行车，纸箱等物品为主。作为全院居民的必经之路，存放物品之后的走道空间有的最窄处不足1米（图4-13）。

图4-10　花砖装饰门头门

图4-11　中西合璧的墙垣式门

图4-13 存放物品的杂院入口门道

2. 同时加建房屋和存放物品

除了存放物品之外，杂院中一部分门道中还被加建了房屋或者储物棚。房屋用途多为储物，也有部分杂院门道中的加建房屋被作为厨房使用，如杨梅竹斜街16号、杨梅竹斜街45号、樱桃斜街27号（图4-14）。

3. 既无加建房屋也无存放物品

大栅栏地区还有相当一部分杂院入口门道并没有被占用，保持了单纯的走道功能（图4-15）。

图4-14　同时加建房屋和存放物品的杂院入口门道

图4-15　既无加建房屋也无存放物品的杂院入口门道

三、内部立面

1. 立面材质和颜色

大栅栏地区杂院内部房屋立面的材质和颜色分为两部分，分别是

（a）

（b）

（c）

图4-16　杂院内立面材质颜色案例
（a）白色铝合金或塑钢门窗；（b）朱漆木质门窗；（c）断桥铝门窗

结构部分围护部分。房屋的结构部分基本都是木质梁柱结构，施以朱漆；围护部分分为门窗和围护墙体两部分。门窗多为金属推拉门窗，以断桥铝门窗为主。颜色方面一部分为白色门窗框，一部分施以朱漆［图4-16（a）］；但有部分房屋门窗还是朱漆木质门窗［图4-16（b）］。窗下的围护墙体多为砖砌，有的外表有水泥抹灰，有的则没有。还有一部分立面为双层立面，在外侧是原始的木质门窗和墙体，在木质立面内重新做了断桥铝合金门窗和保温性能好的砌体墙或轻型保温墙。外侧立面是原始的木质门窗，内侧新建了砖墙和白框断桥铝门窗，提高了墙体的保温性能［图4-16（c）］。

2. 房屋立面的隐私处理

杂院内立面的窗墙比当中，窗户的面积比例占了大部分。房屋进深较大，杂院外立面（朝向院落外部的立面）的窗户较小，杂院房屋内立面的主要功能是为房屋内提供充足的采光，因此朝向内部庭院的立面主要功能是开窗采光。

调查中发现大部分住户立面窗户白天都拉上窗帘，或者都常年贴有塑料纸、膜等物遮挡玻璃，原因是杂院人口多混杂，隐私性差。

在采光与隐私上，大栅栏地区对门窗的处理主要采用遮挡外部视线和占用窗下空间的方式。遮挡外部视线中，居民最常采取的方式有用窗帘遮挡外部视线、遮挡玻璃上人的视线范围、在玻璃上全贴塑料薄膜。这三种方式处理不影响门窗的开启使用，而在窗户外部罩塑料布等材料则会影响窗户的开启。占用窗下空间主要是在窗下加建储物棚、堆放物品。

1）窗帘遮挡外部视线。窗帘遮挡视线可以灵活变动窗帘遮挡面积，但是会比较大地影响室内采光。一般在室内无人的情况下会拉上窗帘，全部遮挡窗户（图4-17）。

2）遮挡玻璃上人的视线高度范围。调查中发现除了单独用窗帘遮挡视线，一部分居民在门窗玻璃上的正常人视线高度范围会设置遮挡。遮挡材料有半透明塑料膜，不透明塑料膜，磨砂玻璃，带花纹的玻璃贴膜、纸、布等（图4-18）。这种方法在遮挡视线的同时，能较好地保证室内采光。

3）在玻璃上全贴塑料膜。此种方式是用贴膜材料将整块门或窗的玻璃都遮挡住，一般都采用半透明的塑料膜或者带花纹的贴膜（图4-19）。大栅栏地区杂院内的很多房屋立面门窗上都有使用。

4）在窗户外部罩塑料布。大栅栏地区一些立面上的窗户被用整块透明塑料布等材料遮罩（图4-20）。此种处理方式除了能最大限度地遮挡视线，还有防风的作用，缺点是窗户无法开启通风，也会对采光有影响。

5）占用窗下空间。调查中发现一些杂院中的居民窗户下面堆满了旧家具、花盆、自行车等物品（图4-21），或者在窗台下建一处小储物棚。对窗下空间的占用除了收纳储物之外，还能在空间上限定人的活动范围，使人无法靠近窗户。这种方式经常配合遮挡外部视线的方式，在视线上和隔声上都有一定的保护隐私的作用。

图4-17　窗帘遮挡视线的立面案例

（a）　　　　　　　　　　（b）

（c）　　　　　　　　　　（d）

图4-18　遮挡门窗上人的视线范围的案例
（a）不透明塑料膜；（b）带花纹玻璃贴膜；（c）半透明塑料膜；（d）磨砂玻璃

图4-19　在玻璃上全贴塑料膜的案例

图4-20　在窗户外部罩塑料布和其他材料的案例

图4-21　占用窗下空间的案例

四、院落的地面

杂院室外地面的铺地材料基本都是200厘米×100厘米×50厘米的渗水砖，是由市政部门统一铺设。某些地面采用普通红砖铺砌。在某些内室外地面有高差处会用水泥或者石材铺砌，如入口门道与内院联系处、各房屋的入口门外、房屋外墙跟散水❶位置等，如图4-22所示。

---

1. 上下水口

20世纪90年代之前，杂院中各家各户没有独立的自来水，在院中设有统一的自来水上水位置和下水口，各户居民共同使用一个水龙头。上下水口位置有的在院落室外正中，有的在贴房屋的位置。20世纪90年代以后，市政部门给杂院内居民室内安装了独立的上下水系统，但是有的院中室外的自来水和下水口依然在使用。除了上下水口位置，每个杂院为了排出雨水都在室外设置了公共排水口。这也是各户厨房下水管道的必经之处，位置一般都在杂院内靠近院落出口的位置，如图4-23所示。

2. 市政井盖

杂院内室外地面基本都有两处市政井盖，一处表井盖、一处水井盖或是两处水井盖。其中基本必有一处位于入口门道的地面，一处位于内院的室外地面。

3. 树木花卉

大栅栏地区杂院中的树木，以香椿树为主，也有少量槐树或梧桐树。树根会损坏房屋根基，树冠会遮蔽阳光，影响室内采光，树叶夏天会生虫子，秋天掉落会堵塞下水口，影响院内整洁，因此杂院内的树木多数都被砍掉，只有少数留存。院内很少有在地面直接种植花草的，多为住户自家的盆栽，摆放在室外（图4-24）。因为用地紧张，闲置的空间都被加建成建筑或者被杂物占领。

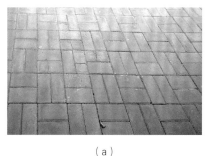

（a）　　　　　　　　　　（b）

图4-22　杂院内室外硬质铺地案例
（a）渗水砖；（b）内院石材铺砖

（a）　　　　　　　　　　（b）

图4-24　杂院内树木绿植案例
（a）内院；（b）街巷

（a）　　　　　　　　　　（b）

图4-23　杂院内室外水口案例
（a）室外自来水和下水口；（b）室外公共排水口

第五部分　北京杂院的分类及案例

大栅栏地区的杂院建筑，占街区总占地面积的55%，书中调查的杂院占街区总面积的44%，占范围内所有杂院的80%，对杂院进行的实地调查与研究主要分为三方面：一是随机对居民进行访谈了解院落与住房的基本情况；二是对建筑进行整体性拍照记录；三是对院落进行实地测量尺寸并绘制平面图，据此进行整理和研究分析。本章从合院型、复合型、排屋型、独栋楼房等类型中选取代表性院落具体呈现。❶

院落空间

沿街立面

❶ "杂院分类与案例"部分呈现的杂院平面图中，红色部分墙体及门窗根据现场推断为居民自行加建部分。

一、合院型

合院型又分成集中式、分支式、组合式三种。

合院型-集中式-1

院落名称：杨梅竹斜街2号
拍摄时间：2016年3月22日

杨梅竹斜街2号院二层

杨梅竹斜街2号院一层

0　1　　　3米

院落空间

　　集中式院落，院门朝北。院子内部是两层，最里面一层对院子不开门，朝外街经营店铺。二层有住户。院子外侧的房子是朝杨梅竹斜街开门的店铺。院子内部还有房屋拆除的痕迹。

合院型-集中式-2

院落名称：杨梅竹斜街20号、22号
拍摄时间：2016年4月1日

入口过道

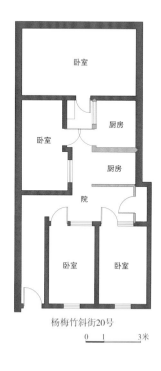

杨梅竹斜街20号

0　1　　　3米

院落空间

　　杨梅竹斜街20号、22号都是集中式院落，院门朝北。22号院已腾退，现状空置。从平面格局上推测两处院落最初仅有南北房，厢房都为后来自建的。

合院型-集中式-3

院落名称：杨梅竹斜街29号

拍摄时间：2016年3月29日

沿街立面

杨梅竹斜街29号　0　1　　　3米

院落空间

　　集中式院落，院门朝南。面宽5.6米，进深23米。从外观上推测此院落为前店后宅的功能格局，沿街房屋原本为商铺，后有小院作居住使用。

合院型-集中式-4

院落名称：杨梅竹斜街33号
拍摄时间：2016年4月

院落空间

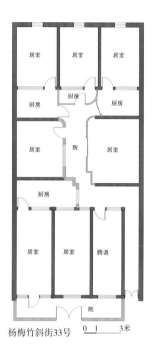

杨梅竹斜街33号   0 1   3米

院落空间

集中式一进小院，院门朝南，住6户居民。内院变为1.6米宽过道。沿街三间倒座房中西两间是一户，自建院墙形成小院，朝道路开院门。

合院型-集中式-5

院落名称：杨梅竹斜街37号
拍摄时间：2016年4月14日

入口过道

沿街立面

杨梅竹斜街37号　　0 1　　3米

组合式院落，院门朝南，为一处一进院落的四合院。进入院子时需先经过一条0.7米宽的窄道之后到达37号院门前，再经过一处"L"形洞穴式小过道，进入第二道门，二道门开门之后空间豁然开朗，最终到达院子。院落被前面的临街二层咖啡馆及其旁边的房屋挡在身后。据了解此处原为胭脂铺，也属于前店后宅的功能格局，时代变迁后现已杂院化。

合院型-集中式-6

院落名称：杨梅竹斜街49号

拍摄时间：2016年4月1日

入口过道

卧室		卧室
厨房		
厨房	腾退	院
		厨房
腾退		厨房
		卧室
腾退		卧室
腾退		腾退

杨梅竹斜街49号　　0　1　　3米

院落空间

　　集中式一进小院，院门朝南。7间房，平面上中间有一条窄走道，入院过道净高2.5米。

59

合院型-集中式-7

院落名称：杨梅竹斜街71号
拍摄时间：2016年4月26日

沿街立面

杨梅竹斜街71号二层

杨梅竹斜街71号一层　　0　1　　　3米

院落空间

集中式一进小院，院门朝东。南房一开间有两层，北房三间平房。院门开向贯通巷。现住2户，南房楼下楼上各一户，北房空置。小院内有一棵香椿树。

60

合院型-集中式-8

院落名称：杨梅竹斜街75号
拍摄时间：2016年4月8日

入口过道

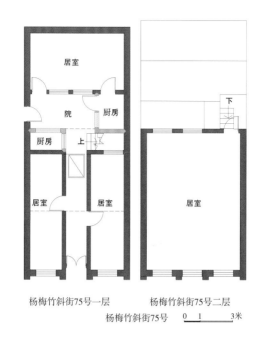

杨梅竹斜街75号一层　　杨梅竹斜街75号二层
杨梅竹斜街75号　　0　1　　　3米

院落空间

院落空间

　　沿街为两层楼房，立面有民国时期的欧式特征。楼房后有小院和北房，楼梯在小院中，入口朝南。根据沿街立面上残存的牌匾痕迹，此处以前叫"世界书局"。

合院型-集中式-9

院落名称：杨梅竹斜街77号

拍摄时间：2016年4月8日

室外公共空间

杨梅竹斜街77号　　0　1　　　3米

室外公共空间

室外公共空间

集中式一进小院，院门朝南。沿街南房为棋牌室，北房为居住用。

合院型-集中式-10

院落名称：杨梅竹斜街96号

拍摄时间：2016年4月8日

沿街立面

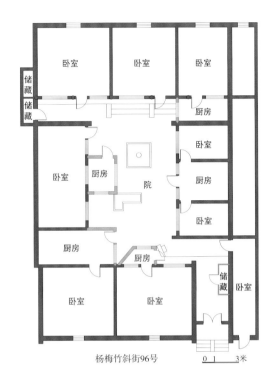

杨梅竹斜街96号　　　0　1　　　3米

室外公共空间

　　集中式一进大院，院落平面方正，院落整体高台基，院门朝北。此院落为一进大四合院，没有后院，庭院开敞，现住6户。

合院型-集中式-11

院落名称：杨梅竹斜街97号
拍摄时间：2016年4月11日

室外公共空间

杨梅竹斜街97号

沿街立面

室外公共空间

集中式一进院落，院门朝南。北屋局部建二层彩钢房，通过铁爬梯上下。现有住户4户，其他房间都腾退空置。

合院型-集中式-12

院落名称：杨梅竹斜街99号
拍摄时间：2016年4月

入口过道

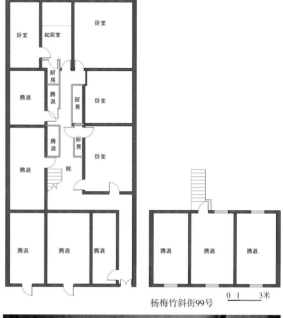

杨梅竹斜街99号

0 1   3米

入口过道

入口过道

　　集中式一进小院，内院中加建厨房，留出一条供人通行的窄长过道，最窄1.1米。沿街倒座为翻建的两层砖混结构平屋顶房屋，一层地板低于外部道路0.6米，并朝道路开门，二层朝内院开门。

合院型-集中式-13

院落名称：杨梅竹斜街113号＋119号

拍摄时间：2016年4月18日

入口过道

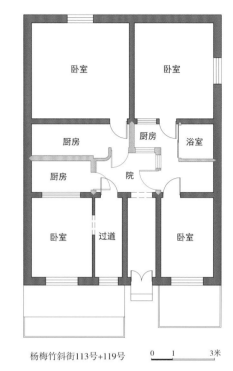

杨梅竹斜街113号+119号   0   1   3米

沿街立面

室外公共空间

集中式一进小院，院门朝南设在南房中间，内部中心是一小天井，是院落的交通核心。

合院型-集中式-14

院落名称：杨梅竹斜街142号
拍摄时间：2016年4月18日

入口过道

杨梅竹斜街142号　　　0　1　　3米

室外公共空间

入口过道

　　集中式一进院落，院门朝北。加建房屋多不同于一般四合院在一角开门，此院门开在北房中间，院门西侧房屋经营小店铺。

合院型-集中式-15

院落名称：杨梅竹斜街168号

拍摄时间：2016年4月20日

沿街立面

卧室	卧室	卧室
浴室	院	厨房
字画纪念品店		刻章店

花房	露台

杨梅竹斜街168号　　0　1　　3米

室外公共空间

室外公共空间

　　集中式一进小院，院门朝北。院门两侧房屋是坡屋顶，沿街经营。南房平屋顶，屋顶平台自建彩钢房，作储物、养花用。此院居住祖孙三代人。

合院型-集中式-16

院落名称：樱桃斜街3号
拍摄时间：2016年5月20日

沿街立面

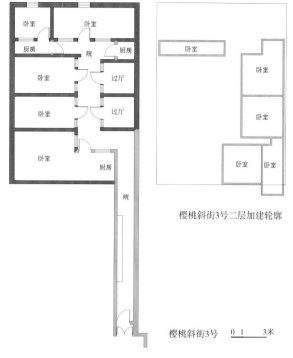

樱桃斜街3号二层加建轮廓

樱桃斜街3号　　0 1　　3米

入口过道

　　集中式一进四合院，院门朝南。进入院子之前要通过一条长过道，过道西侧邻大栅栏公共服务大厅的楼房院落在楼房的北侧。院落西房局部、南房、东房都有二层加建。院落东侧邻菜市场。

合院型-集中式-17

院落名称：樱桃斜街17号
拍摄时间：2016年5月25日

内院空间

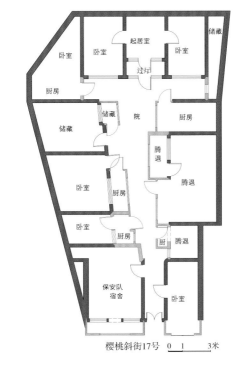

樱桃斜街17号　0　1　3米

沿街立面

内院空间

　　集中式一进院落，院门朝南。平面形式上西房西墙是斜的，东房腾退，北房与南房东屋住户为房主自住，南房西屋是保安队宿舍。

合院型-集中式-18

院落名称：延寿街124号
拍摄时间：2018年11月20日

入口过道

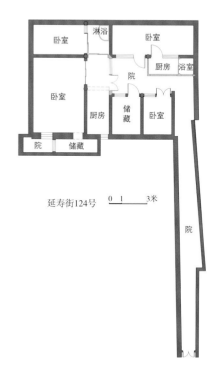

延寿街124号　0　1　3米

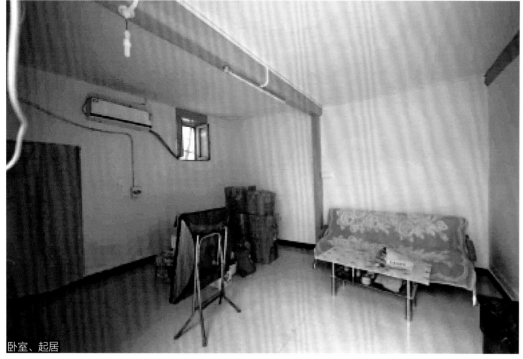

卧室、起居

集中式院落。位于延寿街122号身后，院门朝西在延寿街上，进院门后需要经过一条长走道，三间北房，两间东房两间西房。北房住两户，东房住一户，西房住一户。

据住户（李姓）介绍，原120号、122号、124号都为李家房产，面朝延寿街经营天兴泰粮店，前店后宅，后归为国有。

合院型-集中式-19

院落名称：樱桃胡同18号
拍摄时间：2016年5月18日

沿街立面

樱桃胡同18号　　0　1　　　3米

沿街立面

内院空间

　　集中式一进院落，坐东北朝西南，院门开在西南角。院子坐落在樱桃斜街与樱桃胡同交接处，北宽南窄，梯形平面。从住户处了解，此地连同身后北侧的樱桃斜街19号在旧时是饭子庙。

合院型-集中式-20

院落名称：樱桃胡同31号
拍摄时间：2016年5月18日

沿街立面

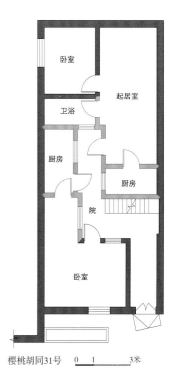

樱桃胡同31号　　0　1　　　3米

内院空间

内院空间

　　集中式一进小院，院门朝东。住两户，房主为兄弟两家，南倒座房住母子俩，老太太与大儿子；北房住一户租户。院落北侧紧邻原天陶菜市场大院（2016年天陶菜市场被拆除，改造为"胡同公园"）。

合院型-集中式-21

院落名称：桐梓胡同8号
拍摄时间：2016年5月24日

入口过道

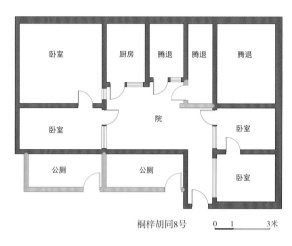

| 卧室 | | 厨房 | 腾退 | 腾退 | | 腾退 |

桐梓胡同8号　　　0　1　　　3米

沿街立面

室外公共空间

　　集中式一进小院，院门朝西。院落坐北朝南，西房和北房西屋拆除后新建了胡同公厕。院内住一家，分3户。

合院型-集中式-22

院落名称：桐梓胡同18号
拍摄时间：2016年5月24日

沿街立面

桐梓胡同18号   0 __1__ 3米

室外公共空间

　　集中式一进院落，院门朝西。院落坐东朝西，空间上分为内外两部分，外院空间方正，内院为长条走道连接房屋。

合院型-集中式-23

院落名称：炭儿胡同3号
拍摄时间：2018年11月20月

内院空间

炭儿胡同3号 　0　1　3米

内院空间

内院空间

　　集中式一进小院，坐北朝南住7户居民，曾为玉器厂宿舍用房，现都已出租，沿街倒座出租为棋牌室。院内现长住两户租户，北房西屋加建一处二层简易彩钢房。据居民介绍此院原来属于炭儿胡同6号院的车间。

合院型-集中式-24

院落名称：炭儿胡同5号
拍摄时间：2015年10月25日

入口过道

炭儿胡同5号　　0　1　　3米

沿街立面

内院空间

　　集中式一进小院，院门朝南，正对贯通巷。住7户居民，北房三间3户，南房两间2户，西房一间1户，东房腾退。据居民介绍，此院已有200多年历史。

合院型-集中式-25

院落名称：炭儿胡同6号

拍摄时间：2018年11月20日

内院空间

内院空间

炭儿胡同6号　　0　1　　　3米

集中式一进小院，院门朝北。原为北京玉器厂，现南房东屋和中屋为本地住户，其余为租户。

合院型-集中式-26

院落名称：炭儿胡同9号
拍摄时间：2015年8月21日

内院空间

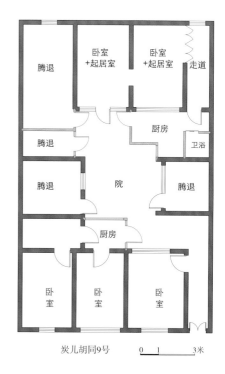

| 腾退 | 卧室+起居室 | 卧室+起居室 | 走道 |

厨房
卫浴
腾退
腾退　院　腾退
厨房
卧室　卧室　卧室

炭儿胡同9号　　　0　1　　　3米

沿街立面

内院空间

集中式一进小院，院门朝南。住两户，北房东半部分两间半为一户，南房西半部分两间住一租户。其余都已腾退空置。

合院型-集中式-27

院落名称：炭儿胡同12号
拍摄时间：2015年8月26日

沿街立面

炭儿胡同12号
有局部二层，待测

0 1 3米

内院空间

集中式一进小院，院门朝北。调研当天北房
一户正在落架重建施工中。

合院型-集中式-28

院落名称：炭儿胡同13号

拍摄时间：2015年10月13日

沿街立面

炭儿胡同13号　　0　1　　3米

内院空间

内院空间

集中式一进小院，院门朝南。院子为一条中间走道。都是外地租户居住。

81

合院型-集中式-29

院落名称：炭儿胡同14号
拍摄时间：2015年8月27日

炭儿胡同14号 　　0　1　　3米

沿街立面

内院空间

集中式一进院落，院门朝北。庭院变成一条过道，靠南北房局部放大。

82

合院型-集中式-30

院落名称：炭儿胡同15号
拍摄时间：2015年8月12日

沿街立面

内院空间

炭儿胡同15号　0　1　3米

集中式院落。一进院落，院门朝南。西房局部有二层彩钢房加建，外挂铁楼梯。院子为走道。中心有棵大香椿树，空间有紧张感。

沿街南房已腾退，空置状态，朝胡同开门的房间经常用来做北京国际设计周展览等活动。北房、西房住居民，其他都为外地租户。东房靠北的小房间只有6平方米，住着来京务工的夫妇。东房中间的房间也住夫妇2人，来自内蒙古，男方练字以字画谋生。东房靠南的房间租住一退休男子。西房两层房住本地一家3口，西房北屋为一男性租户。北房现住一户本地一家3口和男主人的母亲。

83

合院型-集中式-31

院落名称：炭儿胡同16号
拍摄时间：2015年10月13日

入口过道

炭儿胡同16号   0 1   3米

入口过道

室外公共空间

集中式一进小院，院门朝北。西房有三层，
空间有压迫感。

合院型-集中式-32

院落名称：炭儿胡同17号
拍摄时间：2015年8月7日

内院空间

炭儿胡同17号　　0　1　　3米

内院空间

　　集中式院落。此院落由上一辈人（左姓）分给兄弟二人居住，北房住老大一家，东房南房归弟弟一家。西房为后来自建的厨房和浴室，南房现出租。

合院型-集中式-33

院落名称：炭儿胡同20号
拍摄时间：2015年8月28日

内院空间

炭儿胡同20号　0　1　3米

沿街立面

内院空间

集中式一进小院。院门朝北，庭院变成一条走道。

合院型-集中式-34

院落名称：炭儿胡同22号
拍摄时间：2015年8月31日

内院空间

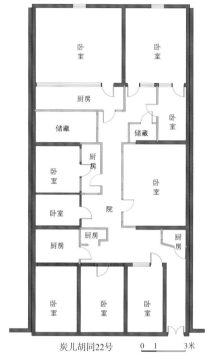

炭儿胡同22号　　　0　1　　3米

沿街立面

厨房

集中式一进院落，院门朝北。院子变为中间一条走道。胡同人力车夫租住其中。

合院型-集中式-35

院落名称：炭儿胡同24号
拍摄时间：2015年8月26日

内院空间

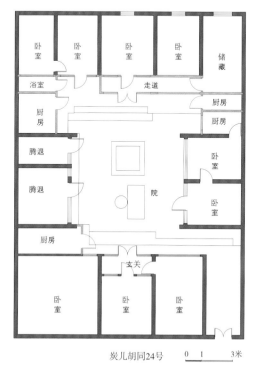

炭儿胡同24号　　0　1　　3米

内院空间

内院空间

集中式一进院，院门朝北。此院落面宽5开间，平面轮廓方正，庭院空间较大，院子中间有方形花池和一棵大树。

合院型-集中式-36

院落名称：炭儿胡同26号
拍摄时间：2015年8月13日

内院空间

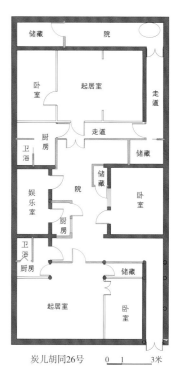

炭儿胡同26号　　0　1　　3米

立面、门道

内院空间

集中式院落，一进小院，院门朝北，南侧有小后院。院落整体维护较好。南房小院内有一棵近两米粗的香椿树，为工信部职工宿舍，住三户。北房一住户，南房一住户，东西房合为一住户。

合院型-集中式-37

院落名称：炭儿胡同27号
拍摄时间：2015年10月14日

沿街立面

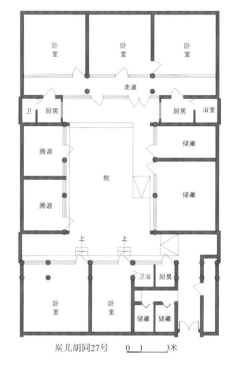

炭儿胡同27号　0　1　3米

入口过道

内院空间

　　集中式一进院落，院门朝南。此院整体修缮得很新，庭院尺寸保持了原有大小，基本无加建。现住一户居民，南房与西房为大栅栏投资公司资产。

合院型-集中式-38

院落名称：笤帚胡同3号
拍摄时间：2018年11月20日

内院空间

笤帚胡同3号　　0　1　　3米

沿街立面

内院空间

集中式一进小院，院门朝南。房子缺乏修缮。现住户都为租户。

合院型-集中式-39

院落名称：笤帚胡同4号
拍摄时间：2018年11月20日

内院空间

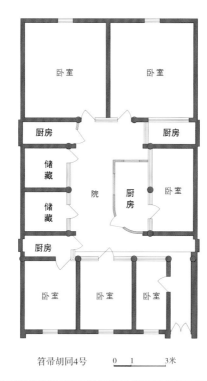

笤帚胡同4号　　0　1　　3米

内院空间

内院空间

集中式一进小院，院门朝北。院子原来是北京制本厂宿舍。

合院型-集中式-40

院落名称：笤帚胡同6号
拍摄时间：2018年11月20日

内院空间

笤帚胡同6号　　0　1　3米

沿街立面

内院空间

集中式一进小院，院门朝北。南房一户，北房两户，东西房腾退。南房后院加建之后留有一个小天井院，改善采光通风。

合院型-集中式-41

院落名称：笤帚胡同8号
拍摄时间：2015年10月19日

沿街立面

沿街立面

内院空间

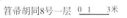

笤帚胡同8号二层

笤帚胡同8号一层　0　1　3米

内院空间

内院空间

集中式一进小院，院门朝北，南房是两层，二层有北外廊。从住户处了解，笤帚胡同8号与10号原来是一家，房主姓台。

94

合院型-集中式-42

院落名称：箬帚胡同10号
拍摄时间：2015年10月20日

沿街立面

入口过道

箬帚胡同10号　　0　1　　3米

内院空间

内院空间

　　集中式一进小院，院门朝北。院子中仅有走
道供通过用。现状只有北房连同东房住一户。南
房空置，西房腾退空置。

合院型-集中式-43

院落名称：笤帚胡同12号
拍摄时间：2018年11月20日

入口过道

笤帚胡同12号 　0 　1 　3米

内院空间

内院空间

　　集中式一进小院，院门朝北。重修过，整院
为一家人居住。

合院型-集中式-44

院落名称：笤帚胡同13号
拍摄时间：2015年10月20日

沿街立面

笤帚胡同13号　0　1　　3米

内院空间

内院空间

集中式一进院落，院门朝南，下洼院，院子低于路面1.5米左右。

97

合院型-集中式-45

院落名称：筶帚胡同14号
拍摄时间：2015年10月21日

内院空间

筶帚胡同14号　　0　1　　　3米

沿街立面

内院空间

集中式一进院落，院门朝北，南侧邻炭儿胡同小学。北方为户主居住，除东房一间腾退空置，其余为租户。

合院型-集中式-46

院落名称：笤帚胡同16号
拍摄时间：2015年10月21日

入口过道

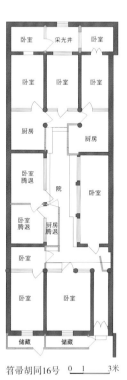

笤帚胡同16号　0　1　　3米

卧室、起居

　　集中式一进院落，院门朝北，进深较大。住7户。

99

合院型-集中式-47

院落名称：笤帚胡同18号
拍摄时间：2015年10月25日

内院空间

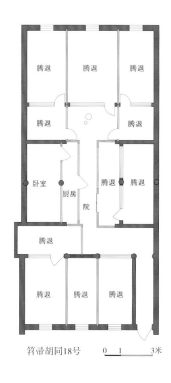

笤帚胡同18号　　0　1　　3米

沿街立面

内院空间

　　集中式一进院落，院门朝北。院子仅有中间走道供一人通过，南北端有局部放大的小院空间。现状院落只有东房一户居住，其余都腾退空置。

合院型-集中式-48

院落名称：笤帚胡同20号

拍摄时间：2015年10月23日

沿街立面

内院空间

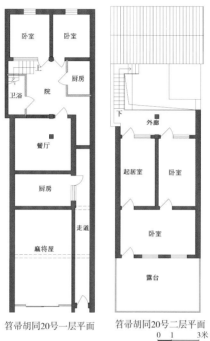

笤帚胡同20号一层平面　　笤帚胡同20号二层平面

0　　1　　　3米

内院空间

内院空间

　　集中式院落，院门朝北。沿街房为棋牌室，旁边有走道通向内院，院子现状很小，有二层建筑和露台。

101

合院型-集中式-49

院落名称：笤帚胡同24号
拍摄时间：2015年10月26日

内院空间

笤帚胡同24号　0　1　3米

内院空间

入口过道

集中式一进小院，院门朝北。院子仅有中间
走道。此院是全聚德集团的宿舍院，现都已出租。

合院型-集中式-50

院落名称：笤帚胡同25号
拍摄时间：2015年10月23日

沿街立面

笤帚胡同25号　0　1　　3米

内院空间

入口过道

集中式一进院落，院门朝南。住6户，都为
租户。

103

合院型-集中式-51

院落名称：笤帚胡同27号
拍摄时间：2018年11月20日

沿街立面

笤帚胡同27号　0　1　　3米

内院空间

集中式一进院落，院门朝南。院子缺乏修缮。现住4户，北房住两户，南房住两户，东西房腾退。

合院型-集中式-52

院落名称：笤帚胡同28号
拍摄时间：2015年10月26日

入口过道

笤帚胡同28号　　0　1　　3米

内院空间

内院空间

内院空间

集中式一进小院，院门朝北。现状住5户，北房腾退空置。

合院型-集中式-53

院落名称：笤帚胡同30号
拍摄时间：2015年10月26日

沿街立面

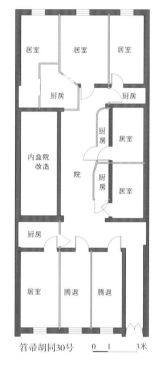

笤帚胡同30号　　0　1　　3米

内院空间

内院空间

集中式一进院落，院门朝北。东房由建筑事务所改造为内盒院。剩余5户住户。院子环境干净整洁。

合院型-集中式-54

院落名称：笤帚胡同31号
拍摄时间：2015年10月25日

内院空间

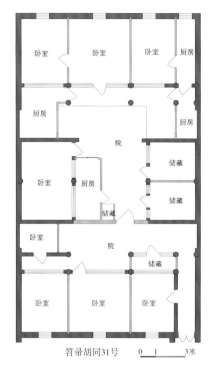

笤帚胡同31号　　0　1　　　3米

厨房

沿街立面

集中式一进院落，院门朝南，通过设门分成
内外院。住6户。

合院型-集中式-55

院落名称：笤帚胡同32号
拍摄时间：2018年11月20日

内院空间

笤帚胡同32号　　0　1　　3米

内院空间

入口过道

　　集中式一进院落，院门朝北。北房一间屋和南房东屋由众建筑事务所改造为内盒院，现状4户住户。

合院型-集中式-56

院落名称：筶帚胡同33号
拍摄时间：2015年10月25日

沿街立面

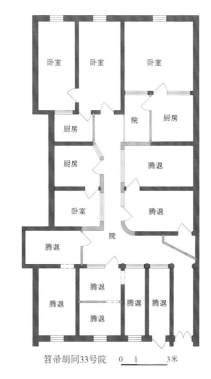

筶帚胡同33号院　　0　1　　　3米

内院空间

入口过道

　　集中式一进院落，院门朝南。院子中间为走道，仅供一人通过。现状住3户，南房、东房腾退，北房住两户，西房住一户。此户人家原住府右街，原住所拆迁置换在此。

合院型-集中式-57

院落名称：笤帚胡同36号
拍摄时间：2015年10月29日

沿街立面

笤帚胡同36号

0　　1　　　　　3米

入口过道

内院空间

原为仓库，现为民宅，内有一处小院。一位老妇人和儿子一家合住。

合院型-集中式-58

院落名称：茶儿胡同4号
拍摄时间：2015年12月3日

沿街立面

茶儿胡同4号　　0　1　　3米

内院空间

集中式一进院，院门朝北。东侧紧挨大栅栏清真寺。

合院型-集中式-59

院落名称：茶儿胡同5号
拍摄时间：2015年12月4日

内院空间

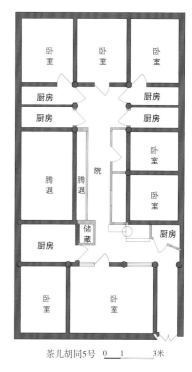

茶儿胡同5号　0　1　3米

沿街立面

入口过道

集中式小院，院门朝南。北屋三间，南屋两间半。

合院型-集中式-60

院落名称：茶儿胡同6号
拍摄时间：2015年12月2日

厨房、浴室

茶儿胡同6号　　0　1　3米

沿街立面

内院空间

集中式小院，院门朝北。西房外的加建小屋将院子空间分割成两部分。

合院型-集中式-61

院落名称：茶儿胡同7号
拍摄时间：2015年12月3日

沿街立面

茶儿胡同7号　　0　1　　3米

内院空间

集中式小院，院门朝南。西房自建二层。

合院型-集中式-62

院落名称：茶儿胡同10号
拍摄时间：2015年11月24日

沿街立面

茶儿胡同10号一层　　0 1　　3米

茶儿胡同10号二层

沿街立面

内院空间

　　集中式院落。原始两层楼的一进院落，院门朝北。二层覆盖南房与东西房，通过院子西南角的公共楼梯上二层，北外廊连接二层各屋。二层各屋各为一户，在外廊上简易搭建了灶台作厨房用。从住户处调查这里曾经是银行宿舍。

合院型-集中式-63

院落名称：茶儿胡同14号
拍摄时间：2015年11月16日

沿街立面

入口过道

茶儿胡同14号　　0　1　　　3米

内院空间

厨房

集中式院落，一进院，院门朝北。下洼院，下三步台阶进院。院子东北角被占建成了胡同公厕。

推测南房南侧原有小院，后加顶加建成为室内，并开天窗采光。

合院型-集中式-64

院落名称：茶儿胡同15号
拍摄时间：2018年11月20日

沿街立面

入口过道

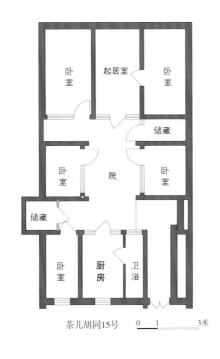

茶儿胡同15号　0　1　3米

内院空间

内院空间

集中式一进小院，院门朝南。院子为下洼路面。独户居住。

合院型-集中式-65

院落名称：茶儿胡同16号
拍摄时间：2015年11月18日

沿街立面

茶儿胡同16号　　0　　1　　3米

沿街立面

内院空间

内院空间

集中式院落，一进小院，院门朝北。南北房屋顶有玻璃天窗，改善了室内采光。

118

合院型-集中式-66

院落名称：茶儿胡同24号
拍摄时间：2015年11月13日

内院空间

茶儿胡同24号　0　1　3米

沿街立面

入口过道

入口过道

集中式院落，一进小院，院门朝北。房主已退休住北屋，东、西、南房都已出租。

合院型-集中式-67

院落名称：茶儿胡同28号
拍摄时间：2018年11月20日

沿街立面

入口过道

茶儿胡同28号   0   1   3米

沿街立面

内院空间

集中式小院落。院门朝北，南房后有小后院（为院落之间的夹道空间）。南、北房有住户，东、西房住户已搬走空置。

合院型-集中式-68

院落名称：茶儿胡同30号
拍摄时间：2018年11月20日

沿街立面

内院空间

茶儿胡同30号　0　1　　　3米

内院空间

内院空间

　　集中式小院落。院门朝北，南、北、西房为起居和卧室，东房为加建的"服务用房"（厨房和储藏室）。

　　从住户处了解，此院为笤帚胡同39号杨小楼故居的服务用房，主要居住者为服务人员。目前院内房屋都已出租。

合院型-集中式-69

院落名称：茶儿胡同31号
拍摄时间：2018年11月20日

沿街立面

茶儿胡同31号

0 1   3米

内院空间

内院空间

内院空间

　　集中式院落，现为一进杂院。原有两进院落，前接茶儿胡同后至耀武胡同。现在前、后院已独立分开，前院正房带前后廊，院西侧为廊，东为厢房。现状正房后廊已经封墙变为房屋与正房连接。前、后两进院原为京剧名家杨小楼❶女婿的宅院，现北房住户为杨小楼女婿后人，其都是前京剧演员，已经退休。东房、南房都为租户。

---

❶ 杨小楼：1878—1938年，名三元，京剧武生演员，杨派艺术创始人。杨月楼之子，安徽怀宁人。在当时和梅兰芳、余叔岩并称"三贤"，成为京剧界代表人物，享有"武生京师"的盛誉。

合院型-集中式-70

院落名称：茶儿胡同33号
拍摄时间：2015年12月7日

入口过道

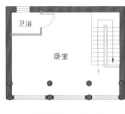

茶儿胡同33号二层

茶儿胡同33号　　0　1　　3米

沿街立面

内院空间

　　集中式三合院，院门朝南，环境整洁。独门独院，北房两层。整体看去，南房曾经有扩建。

合院型-集中式-71

院落名称：茶儿胡同37号
拍摄时间：2015年11月3日

内院空间

茶儿胡同37号　0　1　3米

沿街立面

内院空间

　　集中式院落，现状为一进四合院。分隔成内外两院，内院住一户居民，外院住三户居民。外院三户沿街处都有加建小屋，据居民介绍此院曾经与延寿街86号合为一处大院。

合院型-集中式-72

院落名称：耀武胡同16号
拍摄时间：2015年12月12日

室内走道

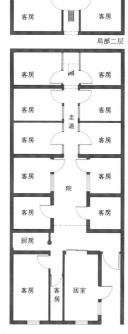

客房　客房
局部二层

客房　客房

客房　客房

客房　走道　客房

客房　客房

客房　院　客房

客房　客房

厨房

客房　客房　居室

耀武胡同16号变为小旅馆　0　1　　3米

沿街立面

室内走道

　　集中式院落，院门朝北。现状为平房小旅馆。南房改造成六间，中间走廊并有二层，北房三间，东、西房各两间。

125

合院型-集中式-73

院落名称：耀武胡同18号
拍摄时间：2015年12月12日

沿街立面

内院空间

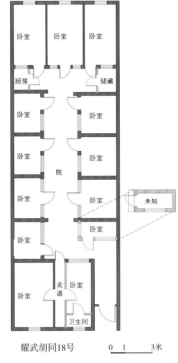

耀武胡同18号　　　0　1　　3米

内院空间

卧室、起居

　　集中式一进院落，院门朝北。过道有某公司驻京办的铭牌。院子为长条形，比较规整。每间屋子都有卫浴间，没有本地住户，推测都是租户。

合院型-集中式-74

院落名称：耀武胡同20号
拍摄时间：2018年11月20日

沿街立面

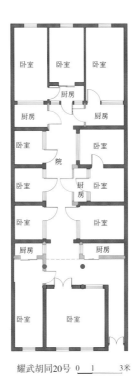

耀武胡同20号　0　1　　3米

内院空间

内院空间

　　集中式一进院落，院门朝北。东西房各三间都为租户。北房两间，改造装修正在搁置中。南房三间，中、西两间已腾退，处于空置状态，东屋已出租。

合院型-集中式-75

院落名称：耀武胡同26号
拍摄时间：2018年11月20日

内院空间

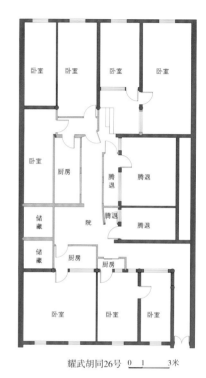
耀武胡同26号　0　1　　3米

内院空间

内院空间

集中式一进院落，院门朝北。南房四间住两户，东半边两间连同东房住一户。西半边两间是一户，北房两户，西房腾退，现状空置。

128

合院型-集中式-76

院落名称：耀武胡同28号
拍摄时间：2018年11月20日

入口过道

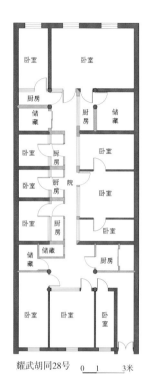

耀武胡同28号　　　0　1　　3米

入口过道

内院空间

集中式一进院落，院门朝北。通过过道之后，东西房中间是一条露天走巷。

129

合院型-集中式-77

院落名称：耀武胡同32号
拍摄时间：2015年12月30日

内院空间

耀武胡同32号　　0　1　　3米

内院空间

内院空间

　　集中式院落，北房为两层，院门朝北。北房一层住一户，二层住两户。东房住3户，西房住3户，南房住两户，南房中间走道，外门上锁，内部情况未知。从住户处了解，此院原来是京剧名家杨小楼家里服务人员住处。

合院型-集中式-78

院落名称：耀武胡同34号
拍摄时间：2015年12月23日

沿街立面

内院空间

耀武胡同34号　0　1　　　3米

内院空间

入口过道

　　集中式一进小院，院门朝北，住8户居民。庭院偏西一株大香椿树，树干粗0.45米，树冠高约10米。

131

合院型-集中式-79

院落名称：抬头巷3号
拍摄时间：2016年5月7日

沿街立面

抬头巷3号　　0　1　　3米

内院空间

厨房、浴室

集中式一进院落，院门朝南。住5户居民。

合院型-集中式-80

院落名称：抬头巷6号
拍摄时间：2016年5月9日

沿街立面

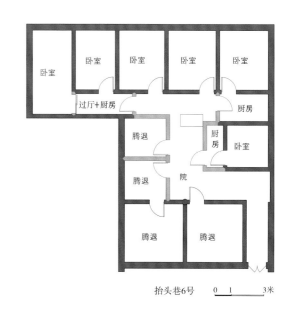

抬头巷6号　0　1　3米

沿街立面

内院空间

内院空间

集中式一进院落，院门朝北。小门口对着抬头巷5号，门前是邻居的交流场所。

合院型-集中式-81

院落名称：抬头巷21号
拍摄时间：2016年5月11日

内院空间

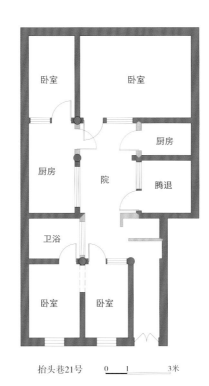

抬头巷21号　　0　1　　3米

内院空间

卫浴间

　　集中式一进小院，院门朝南。院子房屋2008
年修缮过，东房南侧加建了一处横条的厨房空
间，小厨房东侧与南房都加盖了屋顶板，只有中
心一个矩形的院子是露天的。

合院型-集中式-82

院落名称：抬头巷23号
拍摄时间：2016年5月11日

沿街立面

抬头巷23号　　0 ─ 1 ─── 3米

入口过道

内院空间

集中式一进院落，院门朝南。院落地面标高
北高南低。

合院型-集中式-83

院落名称：抬头巷25号
拍摄时间：2016年5月11日

入口过道

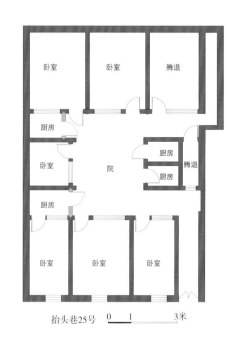
抬头巷25号 0 1 3米

沿街立面

入口过道

内院空间

　　集中式一进院落，院门朝南。院内南房中屋是住一位60多岁的男性，住家兼理发店的功能。东房被改建成三间房，两间厨房分别服务于南房中屋和北房中屋，东侧一间盥洗室服务于北房东屋。

合院型-集中式-84

院落名称：抬头巷27号
拍摄时间：2016年5月11日

沿街立面

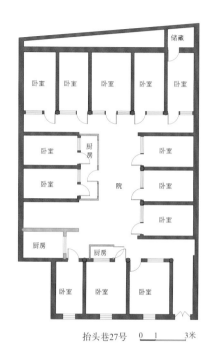

抬头巷27号   0 1   3米

内院空间

内院空间

　　有历史沧桑感集中式一进四合院，院门朝南。院子的门头很旧。西房南侧有间房屋已经坍塌。调研时院中西房为老住户，住了一家三代人，其他均为外地租户。

合院型-集中式-85

院落名称：抬头巷29号
拍摄时间：2016年5月11日

内院空间

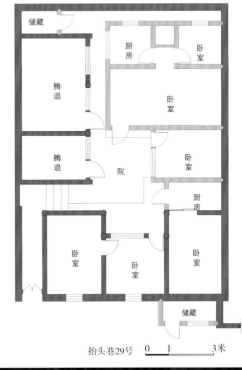

抬头巷29号   0   1   3米

沿街立面

入口过道

　　集中式一进四合院，院门朝南。开在西南角，穿过门道之后右转下三步台阶进入院子。南房较古朴，北房为新建房。北房与南房东屋住两户东北口音人家，其他房屋都腾退了。此院为抬头巷最西端的院落，西侧临大栅栏消防队大院。

合院型-集中式-86

院落名称：樱桃斜街41号、43号
拍摄时间：2016年5月25日

沿街立面

内院空间

集中式一进小院，院门朝南。沿街为店铺，后有三间北房，院子仅有5平方米左右。

合院型-分支式-1

院落名称：杨梅竹斜街61号
拍摄时间：2016年4月6日

入口过道

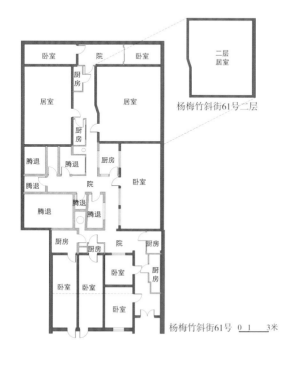
杨梅竹斜街61号二层

杨梅竹斜街61号　0　1　　3米

内院空间

内院空间

分支式一进大院，局部有二层，院门朝南，有小后院。曾为湖南某地会馆，后作为民宅，现内部自建房屋较多。

合院型-分支式-2

院落名称：杨梅竹斜街88号
拍摄时间：2016年4月7日

内院空间

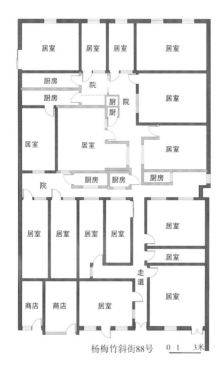
杨梅竹斜街88号　　0 1　　3米

入口过道

内院空间

分支式院落，院门朝北。路径在平面关系上呈"+"形。

合院型-分支式-3

院落名称：樱桃斜街15号

拍摄时间：2016年5月25日

入口过道

樱桃斜街15号　0　1　　3米

沿街立面

内院空间

　　合院型分支式一进院落，院门朝南。东侧邻大栅栏消防队大院，是平面方正的四合院，院子中有一棵大树。

合院型-分支式-4

院落名称：樱桃斜街27号
拍摄时间：2016年5月18日

内院空间

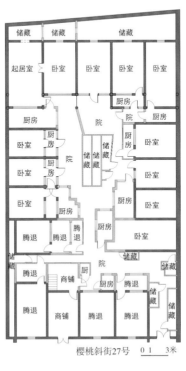

樱桃斜街27号　　0 1　　3米

沿街立面

内院空间

　　分支式一进大院，院门朝南。王家大院，平面轮廓方正，正房5间，厢房东西各3间，倒座4间半，院内改加建房屋多。从住户中了解到此院有150年左右的历史。

143

合院型-分支式-5

院落名称：桐梓胡同6号
拍摄时间：2016年4月22日

内院空间

桐梓胡同6号　　　0 1　　　3米

内院空间

内院空间

内院空间

集中式一进小院，院门朝北。北房两间，南房三间。

合院型-分支式-6

院落名称：炭儿胡同29号
拍摄时间：2015年10月15日

内院空间

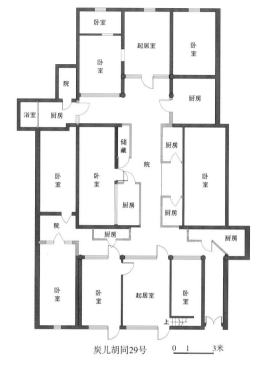

炭儿胡同29号　　0　1　　3米

沿街立面

内院空间

　　分支式一进院落，院门朝南。庭院是走道并呈枝杈延伸状态，北房住一户，倒座与东房是兄弟家，西房住一户，前院往西延伸还有两间房分属两户人住。

合院型-分支式-7

院落名称：筶帚胡同1号
拍摄时间：2018年11月20日

沿街立面

入口过道

筶帚胡同1号　　0　1　3米

内院空间

内院空间

分支式一进院落，院门朝南。院落平面方正，面宽4间半。住户都为租户。

146

合院型-分支式-8

院落名称：笤帚胡同11号
拍摄时间：2015年10月19日

内院空间

笤帚胡同11号　　0　1　　　3米

内院空间

卧室、起居

　　分支式一进小院，院门朝南。北房一户，篱笆围出自家小院，东房为加建房，是笤帚9号院西房的房间和出入口。此院曾因为年久缺乏修缮坍塌过，后来房管单位重建了南北房，东西房未建，现在的东西房都为加建房屋。

147

合院型-分支式-9

院落名称：笤帚胡同19号
拍摄时间：2015年10月20日

内院空间

笤帚胡同19号　　0　1　　3米

内院空间

入口过道

内院空间

分支式一进院落，院门朝南，东房二层有自建彩钢房。住6户，东北角一间腾退。

合院型-分支式-10

院落名称：笤帚胡同39号

拍摄时间：2015年10月27日

入口过道

内院空间

内院空间

笤帚胡同39号　0　1　　3米

厨房

　　集中式一进院落，北房有二层楼。此院原为京剧杨小楼故居。院子房屋大都腾退，现在北房和南房各住一户。沿街三间小屋41号，住一户居民。

合院型-分支式-11

院落名称：茶儿胡同1号
拍摄时间：2015年12月4日

沿街立面

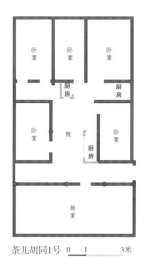

茶儿胡同1号　0　1　　　3米

沿街立面

内院空间

　　集中式小院。院门开在侧面朝东。南房、西房已经腾退并重新翻建一新，同时拆除了加建。北房、东房住外地租户。

合院型-分支式-12

院落名称：茶儿胡同9号
拍摄时间：2018年11月20日

沿街立面

茶儿胡同9号 0 1 3米

内院空间

内院空间

集中式小院。此种规模的一进小院在大栅栏地区最典型。东西南北房都为居室，加建部分为厨房空间。

合院型-分支式-13

院落名称：茶儿胡同13号
拍摄时间：2018年11月20日

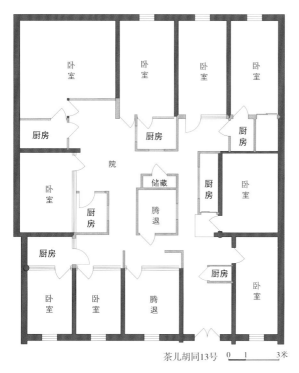

茶儿胡同13号　0　1　3米

沿街立面

内院空间

　　分支式一进院落，平面轮廓方正，院门朝南。院子平面轮廓被加建的低矮房屋分隔成"回"形。

152

合院型-分支式-14

院落名称：茶儿胡同17号
拍摄时间：2015年12月2日

内院空间

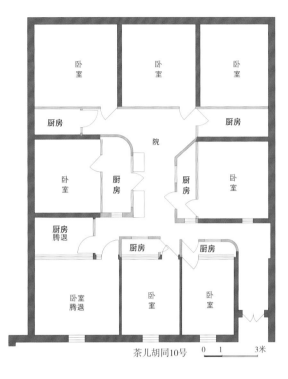

茶儿胡同10号　　0　1　3米

沿街立面

厨房

集中式一进院落，院门朝南。西厢二层搭建了鸽舍。

合院型-分支式-15

院落名称：茶儿胡同22号
拍摄时间：2015年11月13日

沿街立面

茶儿胡同22号　　0　1　　3米

内院空间

　　分支式院落。院落轮廓接近正方形，推测为两个一进小院合并而成，院门朝北。入院之后通过一段狭窄的锯齿状走道进入中心庭院。杂物和杂草分割出两条路径，分别通往南房和北房。

合院型-分支式-16

院落名称：耀武胡同6号

拍摄时间：2015年12月7日

沿街立面

入口过道

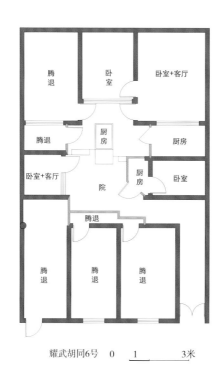

耀武胡同6号　0　1　　3米

内院空间

内院空间

　　分支式一进小院，院门朝北。半数房屋腾退，现住两户，南房西两间一户，东房一户，西房一户。

合院型-分支式-17

院落名称：耀武胡同8号
拍摄时间：2015年12月11日

内院空间

| 卧室 | 卧室 | 卧室 | 腾退 | 腾退 |

耀武胡同8号　　　0　1　　3米

沿街立面

内院空间

　　分支式一进院落，院落整体方正，五开间。
院门朝北，北房西边两间居民在院子中用加建房
屋和围墙自建小院，成为院中院。

合院型-分支式-18

院落名称：耀武胡同22号
拍摄时间：2018年11月20日

沿街立面

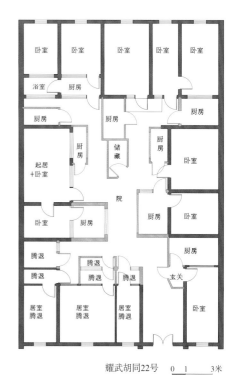

耀武胡同22号　　0　1　　3米

内院空间

内院空间

　　分支式院落，院门朝北。从住户处了解，此院新中国成立前为玉器作坊，北房是车间，南房住人，后归为国有。

合院型-分支式-19

院落名称：耀武胡同24号
拍摄时间：2015年12月19日

沿街立面

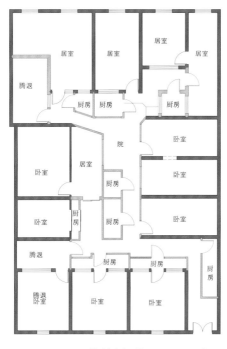

耀武胡同24号　0　1　3米

内院空间

　　分支式院落，一进大院，院门朝北。庭院中心被众多加建房屋侵占，只在靠西屋的位置留有走道，平面上呈枝杈状。院中有11户电表。

合院型-分支式-20

院落名称：杨威胡同甲7号
拍摄时间：2015年12月7日

沿街立面

内院空间

杨威胡同7号　　0　1　　3米

内院空间

内院空间

集中式院落，坐北朝南，院门在东侧开向杨威胡同。院内加建厨房较多。本地住户与外地租户混居。卫生保持好。

合院型-分支式-21

院落名称：大栅栏西街37号
拍摄时间：2016年6月1日

楼房走道

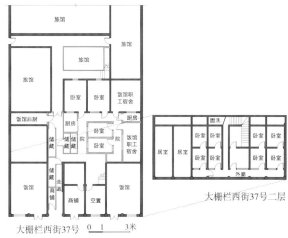

大栅栏西街37号二层

大栅栏西街37号　0　1　　3米

沿街立面

走道空间

合院型分支式院落，入口朝南。沿街为两层单外廊式欧式风格历史建筑，总共7间，第3间为入口通道，此通道同时连接旅馆（威斯特酒店）。后院门首层沿街为商业店铺，二层为住户。楼后有一处小院。

合院型-分支式-22

院落名称：大栅栏西街77号
拍摄时间：2016年5月25日

沿街立面

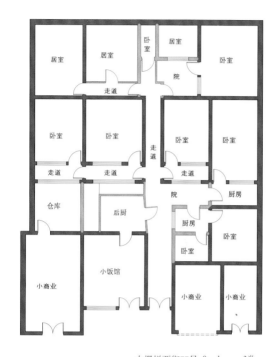

大栅栏西街77号 0 1 3米

入口过道

内院空间

合院型分支式院落，院门朝南。一条走道在中间穿过三排房屋，最南排沿街房屋为商铺，内部从平面空间上可以分为内外院，外院住5户，内院住两户。走道尽端有一处净宽1.2米、只能放下一张单人床的小屋，住一人（推测为附近务工者的宿舍）。

合院型-组合式-1

院落名称：杨梅竹斜街16号

拍摄时间：2016年3月24日

沿街立面

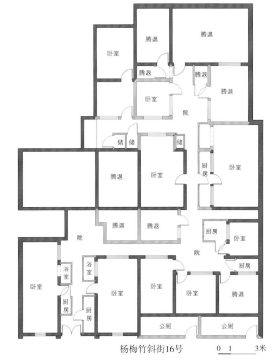

杨梅竹斜街16号　　0　1　　3米

入口过道

内院空间

　　组合式院落，院门朝北。某地会馆旧址，东侧邻饭馆"铃木食堂"。平面上是一条中间走道联通整院，在转折处形成略放大的空间。沿街北房一部分改建成为胡同公厕。

合院型-组合式-2

院落名称：杨梅竹斜街35号
拍摄时间：2016年3月30日

沿街立面

杨梅竹斜街35号　0 1　3米

内院空间

入口过道

组合式大杂院，院门朝南。庭院在平面形式上变为一条走道连通整院。进深46.5米，南临杨梅竹斜街，背靠取灯胡同，院内有多处房屋带二层。从住户处了解，此院在新中国成立后一直是宾馆，后来逐渐杂院化。

合院型-组合式-3

院落名称：大栅栏西街25号
拍摄时间：2016年6月1日

内院空间

大栅栏西街25号　0 1　3米

厨房

沿街立面

合院型组合式院落，院门朝南。空间形态上为标准两进四合院，沿街四间店铺，中间为院门。

合院型-组合式-4

院落名称：大栅栏西街49号
拍摄时间：2016年5月31日

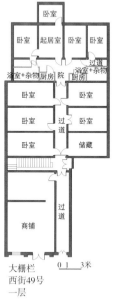

大栅栏
西街49号
一层

大栅栏西街
49号二层

大栅栏西街
49号三层

内院空间

　　合院型组合式院落，入口朝南。前面有两栋楼房，楼房后面为一处庭院带一排四间平房。沿街为三层楼房，正立面为民国西式风格，首层为烟酒店兼门道，二、三层为一家住户。后面楼房两层，首层是仓库兼男宿舍，二层是一家服装加工厂车间，同时有几间女宿舍与厨房。两楼之间共用一架室外铁楼梯。楼后小院住两户人。

合院型-组合式-5

院落名称：大栅栏西街67号
拍摄时间：2016年5月29日

室外公共空间

大栅栏西街67号 0 1　　　3米

商铺
二层

室外公共空间

沿街立面

　　合院型组合式院落，院门朝南。一条过道从中间穿过，联系内外3个小院与房屋，沿街4间店铺。杂院内部总共住12户人。

合院型-组合式-6

院落名称：樱桃斜街21号

拍摄时间：2016年5月19日

沿街立面

樱桃斜街21号 0 1 3米

内院空间

内院空间

　　组合式院落，院门朝南。面宽窄8.58米，进深大30.57米，空间上分前后院，前院为单边走道连接西侧房屋，内院为集中式一进院落，内院西房有两层加建。

合院型-组合式-7

院落名称：炭儿胡同10号
拍摄时间：2015年8月21日

入口过道

炭儿胡同10号　　0 1 3米

沿街立面

内院空间、浴室

　　组合式两进院落，院门朝北。一条窄走道曲折贯穿全院。据了解新中国成立前此院为药房，曾是前店后宅格局。院内有一棵槐树，现主杆已被包裹，在加建小屋的室内生长。

合院型-组合式-8

院落名称：炭儿胡同21号
拍摄时间：2015年10月12日

内院空间

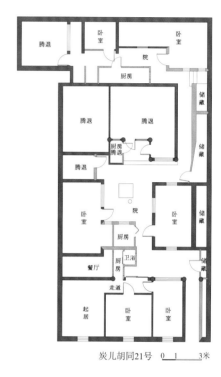

炭儿胡同21号　　0　1　　3米

沿街立面

内院空间

　　集中式标准一进院落，带后罩房，翻建加建较多。院落内部堆放杂物多但不杂乱。大部分房屋或腾退或空置。

合院型-组合式-9

院落名称：炭儿胡同28号
拍摄时间：2015年8月31日

沿街立面

炭儿胡同28号　　0　1　　3米

内院空间

内院空间

组合式两进小院，院门朝北。外院都已腾退，后院住一户，前院自建铁栅栏门。

合院型-组合式-10

院落名称：茶儿胡同29号
拍摄时间：2015年11月16日

内院空间

茶儿胡同29号 0　1　　3米

内院空间

内院空间

集中式院落，一进小院，院门朝南。院子沿
街向外扩建2.6米进深，扩建房屋一部分为胡同公
厕，另一部分成为小前院。

171

合院型-组合式-11

院落名称：茶儿胡同35号
拍摄时间：2015年11月3日

沿街立面

内院空间

茶儿胡同35号 0 1 3米

内院空间

厨房、浴室

组合式院落。院落较大，两进院，整体低于道路地坪0.5米左右，后院有两层楼。院落翻修较少。

合院型-组合式-12

院落名称：茶儿胡同39号
拍摄时间：2015年11月2日

室外公共空间

茶儿胡同39号　0　1　　3米

沿街立面

室外公共空间

　　组合式小两进院落。面宽窄7.6米，进深长24米。整个院进深向胡同扩建了1.9米多，扩建小半间屋子并连带一个小前院。后院东房自建了两层。住三户，前院一户，后院两户。

二、复合型

分为并联式、嵌套式两种。

复合型-并联式-1

院落名称：抬头巷5号
拍摄时间：2016年5月9日

沿街立面

抬头巷5号

0 1 3米

巷道

室外空间

  并联式院落，院门朝南。此院由3个独立小院加上巷道尽端北房4间组成。巷道西侧两处院落，东侧一处，北侧一处，都为平房。

复合型-并联式-2

院落名称：抬头巷11号＋13号＋15号＋17号
拍摄时间：2016年5月10日

沿街立面

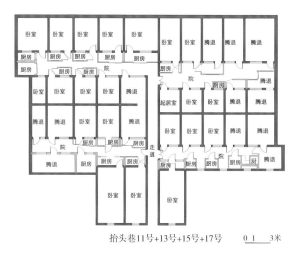

抬头巷11号＋13号＋15号＋17号　　　0 1　　3米

巷道

11号室外空间

　　并联式院落，巷道朝南。平面形式上为三排房屋，排与排之间各有一条横走道，一条巷道从中间穿过。

复合型-并联式-3

院落名称：杨梅竹斜街24号
拍摄时间：2016年3月31日

室外公共空间

杨梅竹斜街24号　　0　1　　3米

沿街立面

室外公共空间

　　并联式院落，院门朝北。平面格局上为一条
巷道并联了一大一小两处院落。

复合型-并联式-4

院落名称：杨梅竹斜街148号
拍摄时间：2016年4月18日

室外公共空间

杨梅竹斜街148号 0 1   3米

巷道

室外公共空间

　　并联式院落，院门朝北。进入院门通过西侧一条走道联系内外两处院落。走道因为经过有顶的门道和无顶的巷道，所以光线上是有明暗变化的通道。外院临街经营店铺，内院为一进小院。总共住6户。

复合型-并联式-5

院落名称：杨梅竹斜街56号＋58号
拍摄时间：2016年4月6日

58号室外公共平面

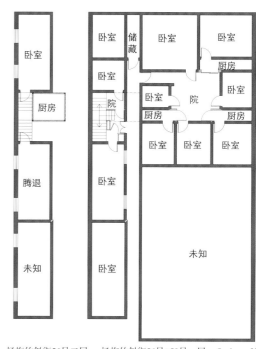

杨梅竹斜街56号二层　　杨梅竹斜街56号+58号一层　0 1 3米

56号室外公共空间

56号室外公共空间

　　并联式院落，入口朝北。一条窄走道联系56号与58号。杨梅竹斜街56号是深窄的两层楼院，中间一个小院和楼梯将房屋分为前后两部分，沿街房屋朝街道开门，也是自住功能。杨梅竹斜街58号是一个小四合院，此院北侧是一栋临街商铺。

复合型-并联式-6

院落名称：杨梅竹斜街72号＋74号＋76号＋78号

拍摄时间：2016年4月7日

巷道

杨梅竹斜街72号+74号+76号+78号二层　　0 1 3米

72号室外、室内空间

76号室外、室内空间

　　并联式院落，巷道入口朝北。72号院南房有两户居民，北房和南房西屋为大栅栏跨界中心办公地；72号北房被墙隔成两部分，北半边沿街，作商铺经营使用；74号为小三合院住宅；76号杂院最里面有小后院；78号为两层南北房的小院。

复合型-并联式-7

院落名称：杨梅竹斜街108号＋110号＋112号＋114号

拍摄时间：2016年4月14日

108号室外公共空间

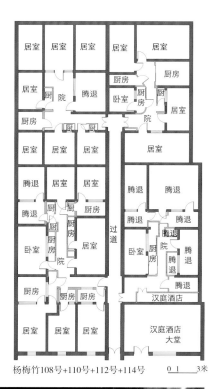

杨梅竹108号＋110号＋112号＋114号   0 1   3米

沿街立面

巷道

并联式院落，院门朝北。一条巷道东西两侧各联系两处杂院，都为一进小四合院。从住户处了解，四个小院原为一家所有，后来衰败后110号、112号、114号三处院子相继被卖掉，其后代住在108号院。114号沿街北房现为汉庭酒店大堂。

复合型-并联式-8

院落名称：杨梅竹斜街124号＋126号＋128号
拍摄时间：2016年4月17日

沿街立面

沿街立面

杨梅竹斜街124号+126号+128号   0 1   3米

122号室外公共空间

122号室外公共空间

　　并联式院落，巷道朝北连接道路。三处门牌号位于巷道西侧。124号为三合院，126号为带北小院的一栋两间房屋，128号为一处中间形成天井的小合院，其中南房与北房一部分为一户，北房其他部分沿街，现为店铺。

181

复合型-并联式-9

院落名称：杨梅竹斜街134号＋136号＋138号＋140号

拍摄时间：2016年4月19日

杨梅竹斜街134号+136号+138号+140号　0 1　3米

沿街立面

136号室外公共空间

　　并联式院落，巷道朝北。134号南房与136号北房合用一栋房屋，136号南房与138号北房合用一栋房屋，这两处都是一栋房屋中间加墙，分南北两间。

复合型-并联式-10

院落名称：杨梅竹斜街176号＋桐梓胡同2号
拍摄时间：2016年4月20日~4月21日

176号室外公共空间

杨梅竹斜街176号+桐梓胡同2号　　0 1　3米

176号室外公共空间

桐梓胡同2号

　　并联式院落，巷道口朝北。176号沿街为经营字画古玩的店铺，店铺后面有6排平房和最南排西侧一竖排平房，排与排之间留有小横院，院中人口增多后各自加建了厨房，最北部的小院已经演变成大走道。此院最早是一处大院落，经营棺材铺，20世纪70年代北京制笔厂新建成现状。20世纪桐梓胡同2号院为一进小院，内都为租户。

复合型-并联式-11

院落名称：樱桃斜街1号
拍摄时间：2016年5月25日

沿街立面

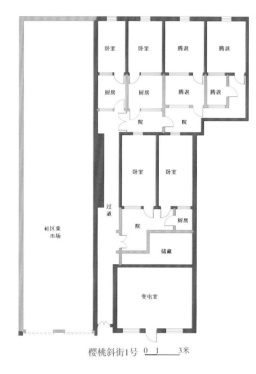

樱桃斜街1号　0　1　　3米

巷道

巷道

复合型并联式院落，院门朝南。连同西侧的菜市场原是一个大院，沿街南房变成变电站，一条通道连接了两处小院。

复合型-嵌套式-1

院落名称：杨梅竹斜街25号
拍摄时间：2016年3月23日

沿街南立面

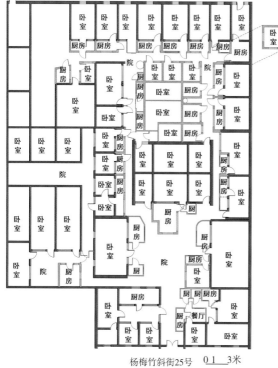

杨梅竹斜街25号　　0 1　3米

室外公共空间

　　嵌套式院落，院门朝南，下洼院。清朝名臣梁诗正故居，东半部分为主院，前后两进四合院，西侧有附属院，通过窄道可以到达。东院平面格局为"回"形，有大小70间房屋。

复合型-嵌套式-2

院落名称：杨梅竹斜街41号＋43号＋45号＋47号（为同一处杂院）

拍摄时间：2016年4月1日

室外公共空间

杨梅竹斜街41号+43号+45号+47号

0   1   3m

沿街立面

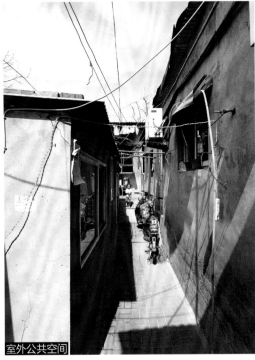

室外公共空间

巷道

　　嵌套式院落，院门朝南。三个号牌属于一个院落。41号、43号为沿街商铺，45号、47号为院落。内部通过西半部分的一条室外窄走道联系全院。据居民介绍此院落最初为煤厂。

复合型-嵌套式-3

院落名称：杨梅竹斜街90号

拍摄时间：2016年4月8日

室外公共空间

杨梅竹斜街90号

0 1   3米

室外公共空间

室外公共空间

　　嵌套式院落，院门朝北。整体平面形态呈"L"形。一条巷道连接了5个小院和若干间房屋。内部南侧有3个并排分布的独立小院。

复合型-嵌套式-4

院落名称：杨梅竹斜街105号
拍摄时间：2016年4月14日

室外公共空间

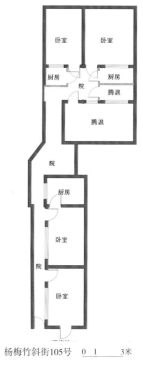

杨梅竹斜街105号　　0　1　　　3米

室外公共空间

室外公共空间

嵌套式院落，院门朝南。平面形式上分为内外院，外院为单边走道式条院，内院为小方院。

复合型-嵌套式-5

院落名称：杨梅竹斜街156号

拍摄时间：2016年4月19日

室外公共空间

杨梅竹斜街156号　0 1　3米

室外公共空间

厨房、卧室、起居空间

　　嵌套式院落，院门朝北。平面形式上此院分为内、外两个院落，通过一条巷道曲折延伸串联起来。

复合型-嵌套式-6

院落名称：延寿街86号

拍摄时间：2015年12月25日

室外公共空间

延寿街86号二层

延寿街86号　0　1　　3米

沿街立面

室外公共空间

　　院门朝西，空间格局上分为内外两个院。里院原是茶儿胡同37号的后院，现变为延寿街86号的一部分，通过一条巷道曲折通向内院。

复合型-嵌套式-7

院落名称：桐梓胡同4号

拍摄时间：2016年4月22日

室外公共空间

桐梓胡同4号　0　1　　　3米

室外公共空间

室外公共空间

嵌套式院落，院门朝北。从平面上看，杨梅竹斜街176号、桐梓胡同2号与4号组合起来共同形成一个整体。桐梓胡同4号院内部空间上分成东、西两个部分。

复合型-嵌套式-8

院落名称：桐梓胡同20号

拍摄时间：2016年5月24日

室外公共空间

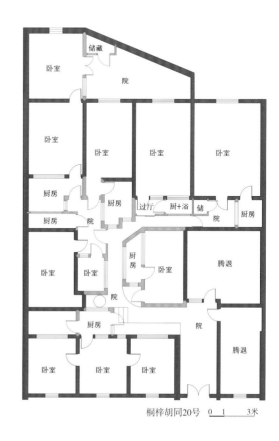

桐梓胡同20号　0　1　3米

室外公共空间

室外公共空间

嵌套式院落，院门朝西。坐东朝西，院子演变为一条走道，连接3个小院。

复合型-嵌套式-9

院落名称：桐梓胡同22号
拍摄时间：2016年5月23日

沿街立面

桐梓胡同22号   0 1   3米

室外公共空间

室外公共空间

　　嵌套式小院，院门朝西。院落平面呈直角梯形，坐北朝南一排房4间，东西朝向一排房屋3间。从住户处了解此院原本是四合院，后来反复拆建过多次。

复合型-嵌套式-10

院落名称：茶儿胡同8号
拍摄时间：2015年11月30日

沿街立面

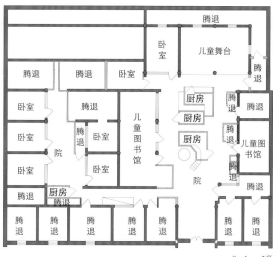

茶儿胡同8号 0 1 3米

室外公共空间

室外公共空间

原为灵鹫寺，民国时期就已经废弃并杂院化。嵌套式院落，平面轮廓近似正方形，院门朝北。推测原来也是横向的两个院，内外院现状由一条巷道连接。

复合型-嵌套式-11

院落名称：茶儿胡同27号
拍摄时间：2015年11月18日

巷道

茶儿胡同27号 0 1 3米

沿街立面

室外公共空间

嵌套式院落。一进大院，平面轮廓近正方形，推测是由两个院打通合并而成。与绝大部分杂院相仿，院内也是一条曲折的走道，连接各家。

复合型-嵌套式-12

院落名称：耀武胡同12号
拍摄时间：2015年12月12日

室外公共空间

耀武胡同12号 0 1 3米

室外公共空间

室外公共空间

　　嵌套式院落，院门朝北。院中另有一户小院。院子中有岔路口、内院、后院。

　　耀武胡同12号与10号原来是合在一起的一个院落，后单独隔出10号院卖出。西房为20世纪80年代之后新建的。目前总共有9户，其中腾退3户，外地租户4户，本地住户2户。

复合型-嵌套式-13

院落名称：耀武胡同30号
拍摄时间：2018年11月20日

室外公共空间

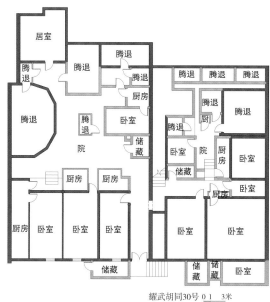

耀武胡同30号 0 1 3米

室外公共空间

嵌套式院落，院门朝北，现状内部包括并列的两个院落，二层为平台与北房。二层北房比一层北房向南扩建了1米距离，扩建之前是外廊，柱子与一层并不对齐。一层东院现状为分支式院落，平面上呈"回"形，西院为集中式院落。上二层的楼梯在西院中。此院现有18户电表，大部分都处于腾退空置状态。

从住户处了解耀武胡同30号两个院子，耀武32号，连同茶儿胡同内相对应的29号、31号、33号，早在清末道光间都是京剧名家杨小楼的住处。耀武胡同30号二层房屋原是杨小楼练功处。

复合型-嵌套式-14

院落名称：青竹巷4号

拍摄时间：2016年4月26日

室外公共空间

青竹巷4号 0 1 3米

沿街立面

室外公共空间

　　嵌套式院落，院门朝西。院子坐南朝北，平面上原来为两进四合院，院门在西南口朝青竹巷。从住户处了解此院最早为真武庙。

三、排屋型

分为单边走道式、中间走道式、混合式三种。

排屋型-单边走道式-1

院落名称：杨梅竹斜街7号

拍摄时间：2016年3月21日

公共空间

厨房

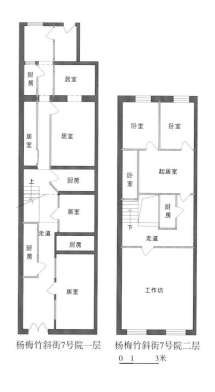

杨梅竹斜街7号院一层　　杨梅竹斜街7号院二层

0　1　　3米

　　单边走道式院落，院门朝南，沿街两层木制楼房与后院的空间组合，面宽6米，进深22米。楼房一层有一条走道贯穿，走道中间部位有露天天井，天井处一侧有木制楼梯上二层。二层格局分前、中、后三部分，前部分沿街房屋是一户，中间是天井、横过道、楼梯，后半部分是一户。楼房后本是院子，后来逐渐加建了房屋，成为现状。从住户处了解楼房在新中国成立前是药房，新中国成立后变为银行宿舍。楼房二楼沿街的房屋现在是腾退房出租。

排屋型-单边走道式-2

院落名称：杨梅竹斜街93号

拍摄时间：2016年4月11日

室外公共空间

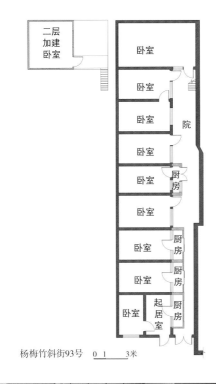

杨梅竹斜街93号　0 1　　3米

沿街立面

厨房

单边走道式平房院落，院门朝南，最北端房屋上有二层彩钢房加建。北京制本厂宿舍，住9户居民。

排屋型-单边走道式-3

院落名称：杨梅竹斜街101号
拍摄时间：2016年4月14日

沿街立面

杨梅竹斜街101号　0　1　　3米

室外公共空间

室外公共空间

　　排屋型单边走道式院落，院门朝南。东侧为主要居住房屋，西侧院子为走道和加建房屋，俗称"条房条院"。东房沿街为街道公厕。从住户处了解东房为1976年唐山大地震之后所建，原房主在"文化大革命"期间去世。

排屋型-单边走道式-4

院落名称：樱桃斜街19号
拍摄时间：2016年5月18日

沿街立面

樱桃斜街19号　　0　1　　　3米

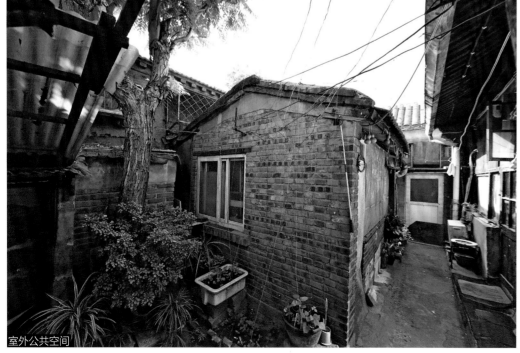

室外公共空间

排屋型单边走道式院落，院门朝南，从住户处了解此处连同身后北侧的樱桃胡同18号原是饭子庙。分为内外院，住4户，外院住一对老夫妇。

排屋型-单边走道式-5

院落名称：延寿街88号
拍摄时间：2015年12月29日

室外公共空间

延寿街88号   0   1   3米

沿街立面

　　单边走道式小院，院门朝西，三间南房，房门朝北。加建一间厨房，沿街又加建一间小屋。2014年房屋整体翻修过。

排屋型-单边走道式-6

院落名称：樱桃胡同14号
拍摄时间：2016年5月20日

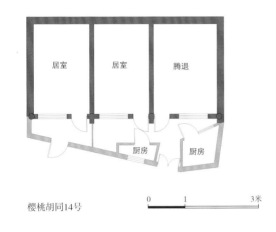

居室　居室　腾退

厨房　厨房

樱桃胡同14号

0　1　3米

沿街立面

公共空间

公共空间

　　沿街三间房，无院，入口朝西，自建围墙围出小院，加建的厨房占据了小院绝大部分空间。

204

排屋型-单边走道式-7

院落名称：桐梓胡同24号
拍摄时间：2016年5月23日

室外公共空间

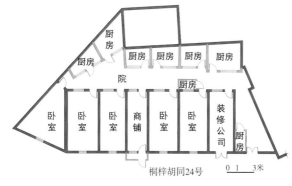

桐梓胡同24号

室外公共空间

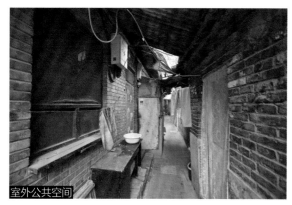

室外公共空间

　　排屋型单边走道式院落，院门朝西。沿胡同一排房屋，内侧一条走道，走道另一侧为加建的厨房。

排屋型-单边走道式-8

院落名称：笤帚胡同34号
拍摄时间：2015年10月27日

沿街立面

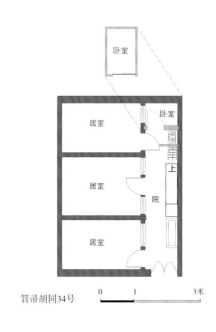

笤帚胡同34号

0   1   3米

室外公共空间

厨房、储藏空间

单边走道式小院，西向三间房，院子为一条过道。住中间屋的李老太太八十多岁，高大消瘦，院里还住着李老太太的弟弟、外甥女婿、侄媳妇。李老太太是北京人，在北京读小学，战争年代随父迁居甘肃读中学。新中国成立后重新回到北京。

排屋型-中间走道式-1

院落名称：杨梅竹斜街51号
拍摄时间：2016年4月5日

室外公共空间

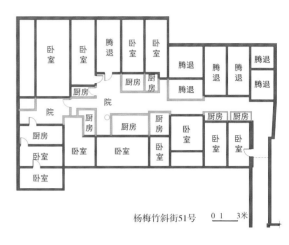

杨梅竹斜街51号　　0 1　3米

室外公共空间

厨房

　　中间走道式院落，院门朝南。院落平面形式为"L"形，通过一条1.8米宽的走道之后左转进入院子，一条从走道中间贯穿全院。从住户处了解此院最早是家庙，后来房产被卖。

207

排屋型-中间走道式-2

院落名称：樱桃斜街35号
拍摄时间：2016年5月20日

樱桃斜街35号　0　1　3米

沿街立面

室外公共空间

室外公共空间

　　排屋型中间走道式小院，院门朝南。南北两排房中间一条小院，院内种两棵香椿树。

排屋型-中间走道式-3

院落名称：延寿街120号、122号
拍摄时间：2018年11月20日

沿街立面

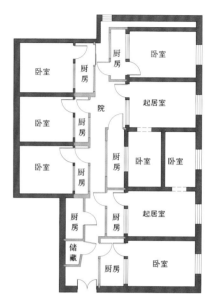

延寿街120号、122号　0　1　3米

沿街立面

入口过道

　　中间走道式院落。从住户处了解此处以前是名为"天兴泰"的粮店，20世纪50年代被拆重建成现状。两排平房带加建中间夹一条走道。走道通过最窄处不到1米，总长度13米。

排屋型-中间走道式-4

院落名称：笤帚胡同2号

拍摄时间：2015年10月18日

沿街立面

入口过道

笤帚胡同2号　　0　1　　3米

室外公共空间

室外公共空间

中间走道式小院，院门朝北。南房四间北房三间，中间一条走道，住四户。

排屋型-中间走道式-5

院落名称：耀武胡同38号
拍摄时间：2015年12月24日

入口过道

沿街立面

耀武胡同38号　　0　1　　3米

室外公共空间

入口过道

院门朝北，南北各三间房。西侧邻院有一棵大香椿树，树冠大都覆盖在38号院子上空，夏天会遮盖大部分阳光，并且会有很多虫子落到38号院子里。

排屋型-中间走道式-6

院落名称：抬头巷2号
拍摄时间：2016年5月19日

沿街立面

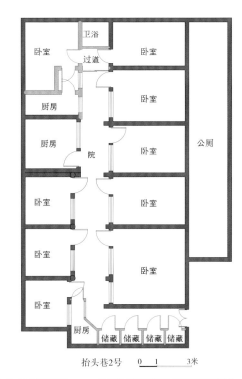

抬头巷2号　　0　1　　3米

室外公共空间

室外公共空间

中间走道式院落，院门朝北。南北两排房屋夹着中间一条巷道。北房北侧为胡同公厕。

排屋型-中间走道式-7

院落名称：贯通巷1号
拍摄时间：2016年4月26日

室外公共空间

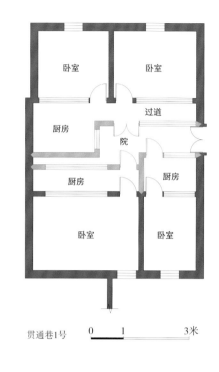

贯通巷1号   0   1   3米

沿街立面

卧室、起居空间

中间走道式院落，院门朝东。南北两间房，中间一条走道。贯通巷为杨梅竹斜街与炭儿胡同连接的一条短胡同。此院住3户人，北房1户，南房两户。

213

排屋型-混合式-1

院落名称：大栅栏西街17号
拍摄时间：2016年6月1日

沿街立面

大栅栏西街17号二层 0 1 3米

大栅栏西街17号一层 0 1 3米

室外公共空间

室外公共空间

　　排屋型混合式院落，院门朝南。平面呈"L"形，内院两排房被大屋架笼罩，致使南排房只能简单采光。北房是木结构两层房屋，民居26户。此院最早为饭店（惠丰堂饭庄），后来变成王府井百货（旧称东关市场）的职工宿舍。

排屋型-混合式-2

院落名称：杨梅竹斜街50号
拍摄时间：2016年4月5日

室外公共空间

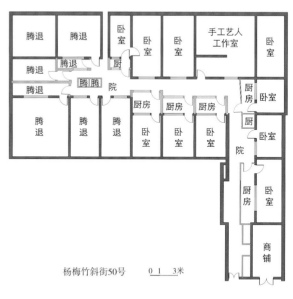

腾退	腾退		卧室	卧室	卧室	手工艺人工作室	卧室
腾退	腾退		厨房				
腾退	腾腾	院					厨房 卧室
腾退	腾退	腾退	厨房	厨房	厨房		厨
			卧室	卧室	卧室	院	卧室
						厨房	卧室
							商铺

杨梅竹斜街50号　　0 1　3米

室外公共空间

室外公共空间

室外公共空间

单边+中间走道式院落，院门朝北。院落平面形式上为"L"形。南房后有后院，空置，被杂物堵住，人无法进入。

215

排屋型-混合式-3

院落名称：樱桃斜街23号
拍摄时间：2016年5月20日

室外公共空间

樱桃斜街23号　0 1　3米

沿街立面

室外公共空间

　　排屋型混合走道式院落，院门朝南。面宽
7.64米，进深近40米。东边一条走道，西侧为一
排房屋，靠近尽端处走道东西侧都有房屋。

排屋型-混合式-4

院落名称：延寿街90号
拍摄时间：2015年11月1日

沿街立面

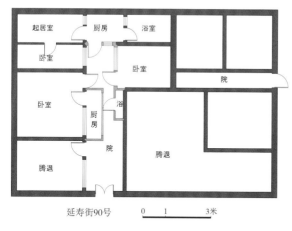

延寿街90号　　　0　1　　3米

室外公共空间

室外公共空间

　　中间走道式院落。三间半北房，两个半间南房。院门朝向延寿街。住三户人家。

排屋型-混合式-5

院落名称：樱桃胡同5号
拍摄时间：2016年5月13日

沿街立面

樱桃胡同5号　0　1　　3米

室外公共空间

室外公共空间

排屋型混合式，院门朝东。南北侧和西侧三面房屋挤出中间的室外走道。院内南房有局部二层。

排屋型-混合式-6

院落名称：樱桃胡同8号
拍摄时间：2016年5月18日

室外公共空间

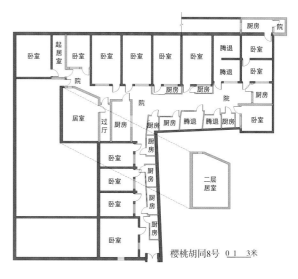

樱桃胡同8号 0 1 3米

室外公共空间

室外公共空间

　　排屋型混合走道式院落，院门朝西。院落平面形式呈"T"形，有13户居民。院子呈走道式，一侧为房屋，另一侧为自建厨房。

四、其他与未分类

其他与未分类-独栋楼房-1

院落名称：大栅栏西街63号

拍摄时间：2016年5月31日

沿街立面

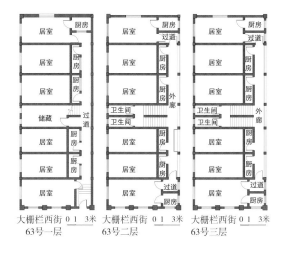

| 大栅栏西街63号一层 | 大栅栏西街63号二层 | 大栅栏西街63号三层 |

内院空间

内院空间

单外廊式三层楼房，东西朝向，走廊在东侧，首层走廊东侧封墙，虽然上部高处有扁长形洞口采光通风，二、三层外廊无遮挡。整栋楼是电车司机宿舍，翻建过两次，最近一次为1982年翻建。

其他与未分类—独栋楼房-2

院落名称：抬头巷7号
拍摄时间：2016年5月10日

沿街立面

抬头巷7号　　0　1　　3米

内院空间

　　二层坡屋顶楼房，入口朝南。一层与二层一部分已腾退，暂为清华大学社会学系在大栅栏的办公和生活场所。二层有两户居民，一户的厨房设在半室外的公共区域。

其他与未分类—独栋楼房-3

院落名称：西单饭店背面一角的两层小楼

拍摄时间：2016年5月11日

沿街立面

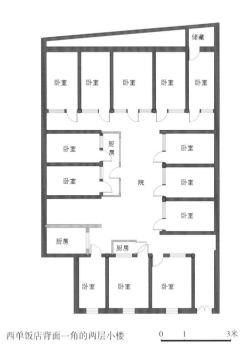

西单饭店背面一角的两层小楼　　0　1　　3米

卧室、起居空间

　　朝北侧抬头巷开门，大栅栏西街上的西单饭店北侧一角，一层住一户，从胡同通过外挂铁制楼梯上二层，住另一户，都是租户。

其他与未分类—独栋楼房-4

院落名称：杨梅竹斜街83号
拍摄时间：2016年4月10日

沿街立面

杨梅竹斜街83号二三层

杨梅竹斜街83号　　0　1　　3米

内院空间

内院空间

　　三层沿街楼房，南入口，东西向，开敞式西外廊。北侧有一部外挂楼梯。东西墙为三七砖墙，南北墙为二四砖墙。

其他与未分类—独栋楼房-5

院落名称：杨梅竹92号+94号
拍摄时间：2016年4月8日

沿街立面

杨梅竹斜街92号+94号

杨梅竹斜街94号二层

0　　1　　　3米

公共走道

卧室、起居空间

　　两层砖混结构平屋顶楼房，沿街并在道路南侧。两层各住一户居民，楼房原为3层木结构建筑，因危房拆除后重建成现状。

其他与未分类—独栋楼房-6

院落名称：杨梅竹斜街98号
拍摄时间：2016年4月10日

沿街立面

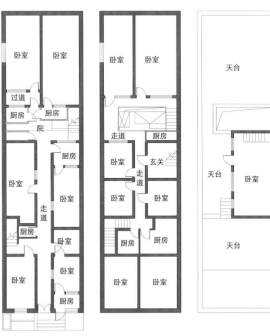

杨梅竹斜街98号 0 1 3米

公共走道、内院空间

　　主要部分为沿街的独栋二层楼房，北入口，南部有小院。平屋顶，局部有3层，可以上天台。一层住6户，二层住8户。

225

其他与未分类—住宅小区

院落名称：杨梅竹斜街107号

拍摄时间：2016年4月15日

内院空间

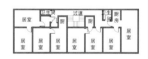

杨梅竹斜街107号二层

杨梅竹斜街107号一层 0 3米

内院空间

内院空间

杨梅竹斜街上唯一的住宅小区，由三栋两层坡屋顶楼房和周边若干平房组成，为首华集团职工宿舍小区。1971年建设，1972年竣工入住，楼房都为砖混结构，平房多为加建的附属用房。整个小区住户多为退休老职工。

其他与未分类—未分类-1

院落名称：抬头巷西端头自建窝棚
拍摄时间：2016年5月11日

沿街立面

抬头巷西端头自建窝棚　　0　1　　　3米

沿街立面

院落、起居空间

位于巷道拐角处，靠南侧楼房北院墙有两个老人搭建的两间窝棚。住一户两口老人，男性有脑出血后遗症，受损，生活不能自理，一直被老太太照顾。

其他与未分类—未分类-2

院落名称：炭儿胡同19号
拍摄时间：2018年11月20日

沿街立面

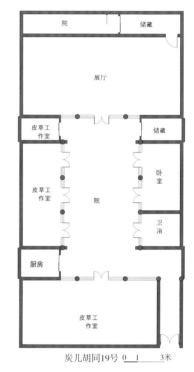

炭儿胡同19号 0 1   3米

内院空间

内院空间

　　集中式一进院落，院门朝南。重新翻建过。
住一户居民。

其他与未分类—未分类-3

院落名称：炭儿胡同23号
拍摄时间：2018年11月20日

沿街立面

炭儿胡同23号　0　1　　3米

内院空间

内院空间

　　"生活室"咖啡馆，经营者为夫妻两人，丈夫是北京人，妻子是新加坡人。此院为咖啡馆、办公室和居住空间混在一起的一个小四合院。

院落名称：炭儿胡同25号
拍摄时间：2015年10月15日

内院空间

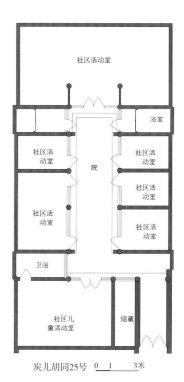

炭儿胡同25号　0　1　　3米

内院空间

　　集中式一进院落，院门朝南。大栅栏街道原计划生育办公室与活动室所在地，翻修过北房为街道失独家庭活动室，配套卫生间和开水房，东房为医疗按摩室、0～3岁儿童测评室、健身室，西房为会议室，南房为儿童活动室，配套儿童卫生间。

其他与未分类—未分类-5

院落名称：炭儿胡同38号
拍摄时间：2018年11月20日

内院空间

炭儿胡同38号　0 1　3米

沿街立面

内院空间

　　此院为三井社区居委会办公地址，院落南侧为两层砖混结构楼房（未测绘），首层用途未知，通过外挂铁制楼梯联系二层，居委会办公室。

其他与未分类—未分类-6

院落名称：延寿街102号
拍摄时间：2015年1月20日

沿街立面

卧室

卧室+厨房

延寿街102号   0   1   3米

室内空间

室内空间

　　无院。沿街铺面的房，无经营，居住用。内外两间。外屋靠里屋顶有天窗采光。

　　住一户老人（夫妇二人，李姓70岁左右）。其祖籍河北辛集，1948年来京居于此地至今。

其他与未分类—未分类-7

院落名称：延寿街118号

拍摄时间：2015年11月1日

内院空间

延寿街118号　　　0　1　　　3米

内院空间

卧室、起居空间

外部为租户经营的洗衣店，内部有一小天井院，单独一户居民。此院与笤帚36号原来都为北京制本厂房产。后来厂倒闭后，沿街房屋分租成一间间小店铺。

其他与未分类—未分类-8

院落名称：杨威胡同11号
拍摄时间：2015年10月16日

沿街立面

杨威胡同11号　　0　　1　　　3米

沿街立面

室内空间

沿街房屋，无院，现为棋牌室兼居住。

其他与未分类—未分类-9

院落名称：杨威胡同13号
拍摄时间：2018年11月20日

沿街立面

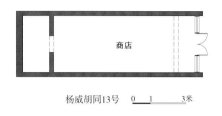

杨威胡同13号　商店

杨威胡同13号　0　1　3米

室内空间

室内空间

沿街房屋，无院。现为便民商店，二层临时搭建彩钢房。

后 记

过去几千年中，由于没有发生生产力的根本变化，大量人类早期的聚落事实上并没有发生根本性质的改变。在中国的众多地区，甚至边远地区都存有大量人类早期解决生存与生活问题的聚落样本和案例，然而这些蕴含丰富民间智慧的聚落在近几十年的现代化进程中，逐步丧失了适应能力。伴随着公路的延伸、信息的覆盖，生活在千百年聚落中的人们，在开阔眼界的同时，已无法再眷恋既往的生活。这些生活在样本级聚落中的居民渴望改变自己的生活，诚然是无可厚非的，然而矛盾的是，在他们为改变自己的生活离开村落的同时，这些村落便开始被废弃；抑或是由于他们经济收入的增加，力图使传统聚落适应现代生活时，这些传统的聚落便遭到改变。

尽管改造后的新聚落可以适应现代生活的需求，但事实上它们已经远离了传统形态的真正内涵。作为建筑师，一方面在不断设计着适应现代生活的建筑，另一方面也在改造着传统建筑使其适应现代生活，然而这两种方式，客观上都没有延续传统的生活。"新瓶装新酒"和"旧瓶装新酒"，实际上"酒"本身已经变化。"新瓶装新酒"如果说是一种诚实，那"旧瓶装新酒"似乎拥有了另外一层含义。而能否让传统的生活延续，是聚落能否延续的真正症结所在。

如此这样一种样本级的聚落文化与现代生活间的剧烈矛盾，是这个激变时代的特征，那作为时代变迁见证者的我们，则深刻感悟到两者之间矛盾难以调和的现实。轻易地选取任何一方，而排斥另外一方都是危险的。然而作为聚落研究者目前所能够做的，就是尽可能地以一个客观的视角，将现存着的聚落整体记录，留下尚存的宝贵资料。同时也见证并告诉未来，当下这个时代所面临的矛盾和困惑，以期为未来的研究提供消失之前的记忆。也正是基于这样的理解，我们聚落研究小组不断地搜集那些尚未消失的聚落遗存，通过大量图片和测绘的方式将其记录，将人类千百年来生活聚居的智慧留给未来学者，为他们之后进一步的深入研究提供当下的素材和资料。

本次结集出版的三本聚落研究成果，是我们多年聚落研究的总结，希冀为未来研究呈献微薄之力。

感谢参与本书调研和编写工作的所有人员，特别是未来年轻一代的聚落研究者们，也感谢为此套书的出版所付出艰辛努力的各界同仁。

王昀

2018年12月

附　录

A. 杂院占地面积统计

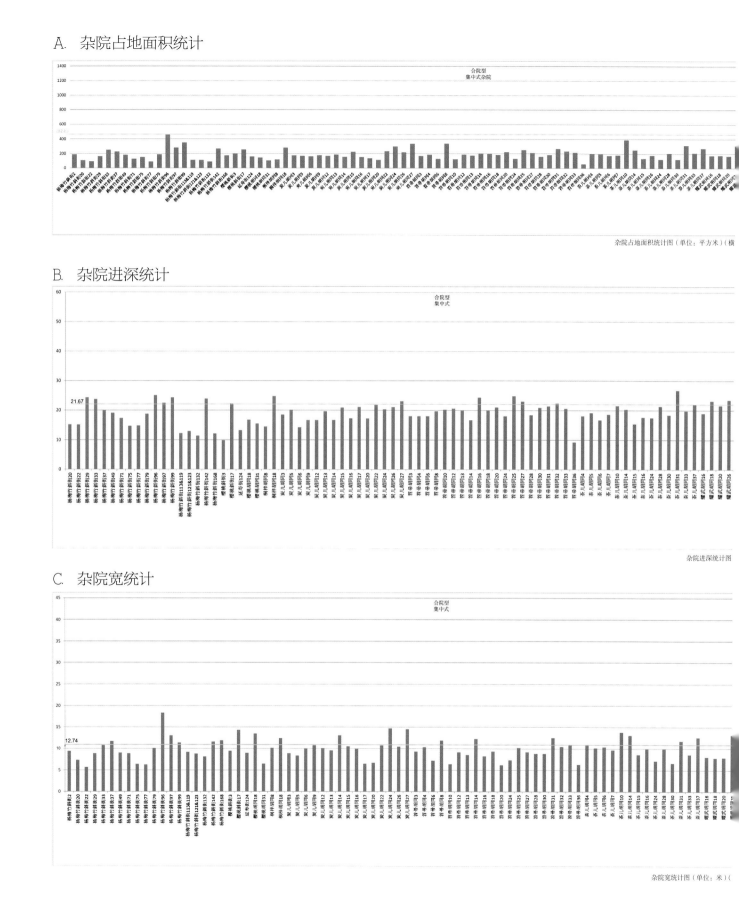

杂院占地面积统计图（单位：平方米）（横

B. 杂院进深统计

杂院进深统计图

C. 杂院宽统计

杂院宽统计图（单位：米）（

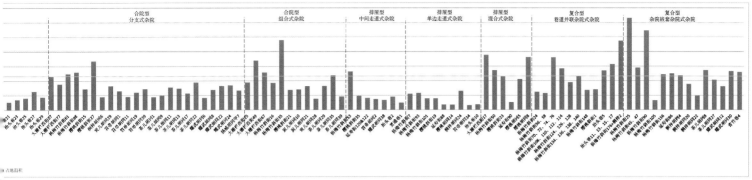

占地面积

名称，纵向轴线代表面积数值，黄线是院落占地面积的平均值线）

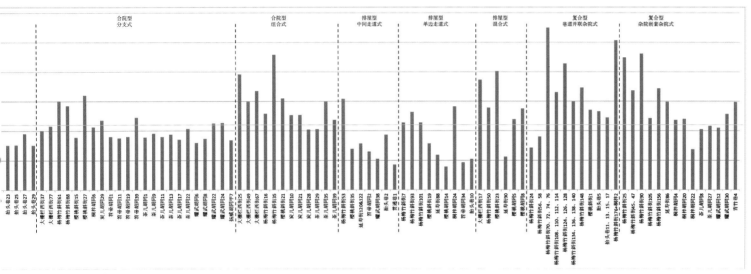

轴为170处院落名称，纵轴为进深数值）

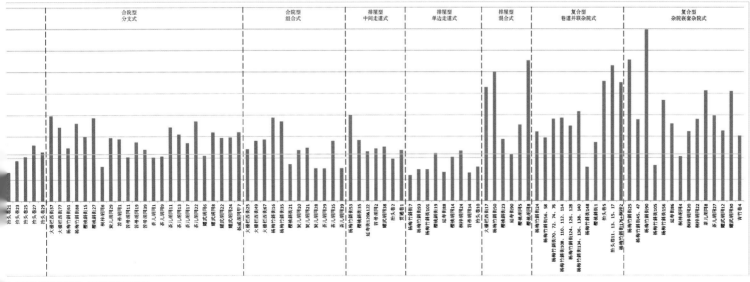

，纵轴代表院落面宽数值，黄色线为平均面宽线）

D. 杂院自身长宽比统计

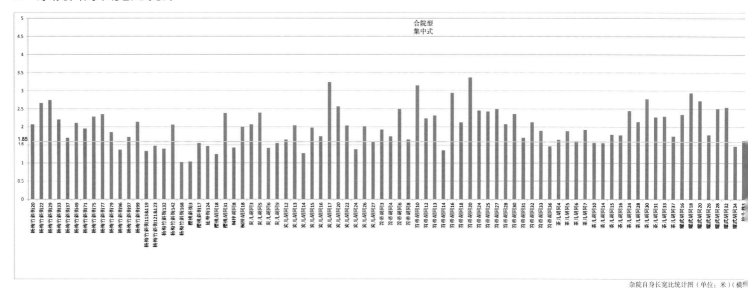

合院型
集中式

杂院自身长宽比统计图（单位：米）（横

E. 杂院室外公共空间面积统计

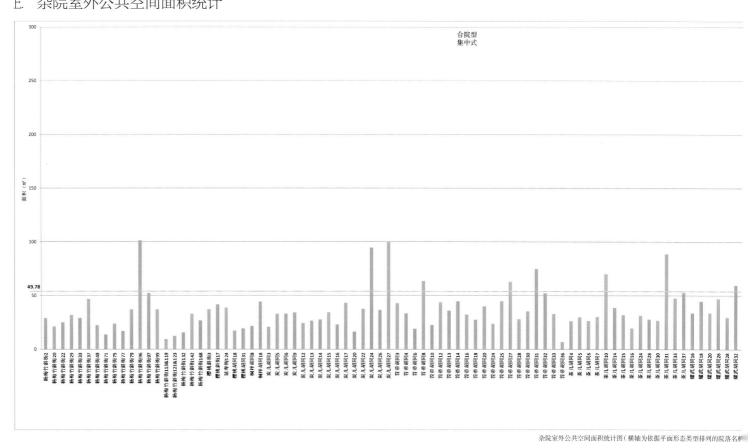

合院型
集中式

杂院室外公共空间面积统计图（横轴为依据平面形态类型排列的院落名称

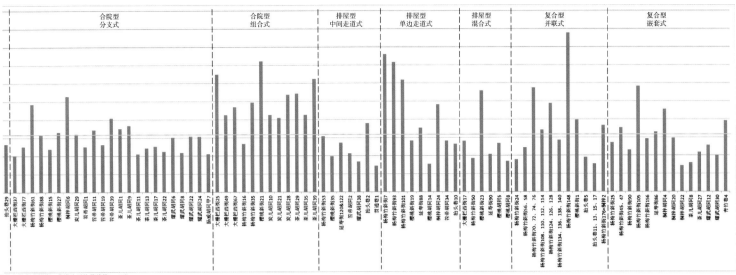

（横轴为长宽比数值，黄线为平均值线值=1.85）

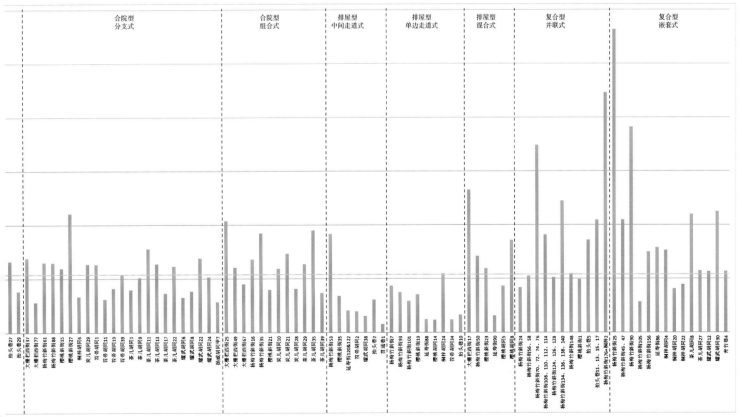

（单位，平方米，黄线为院落室外公共空间平均面积线，值=49.78平方米）

F. 杂院室外公共空间占所属杂院总面积的比例统计

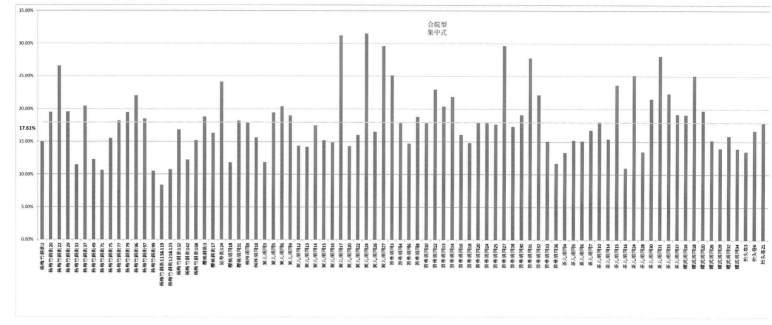

杂院室外公共空间占所属杂院总面积的比例统计图（横轴代表各个平面形态类型杂院名称，纵轴代表室

G. 杂院室外公共空间路径长度统计

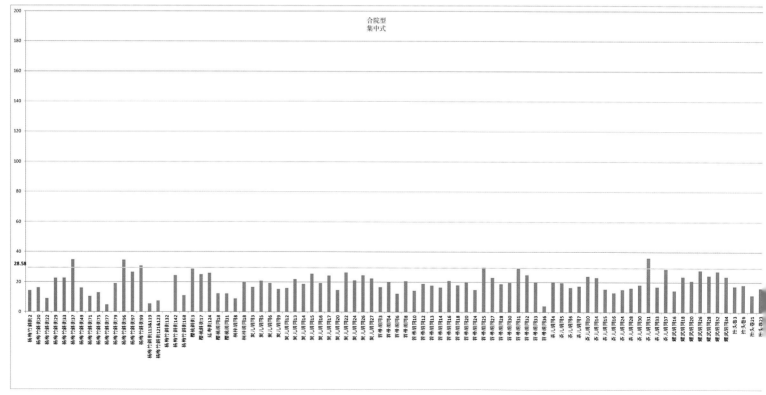

杂院室外公共空间路径长度统计图（单位：米）（横轴代表各个

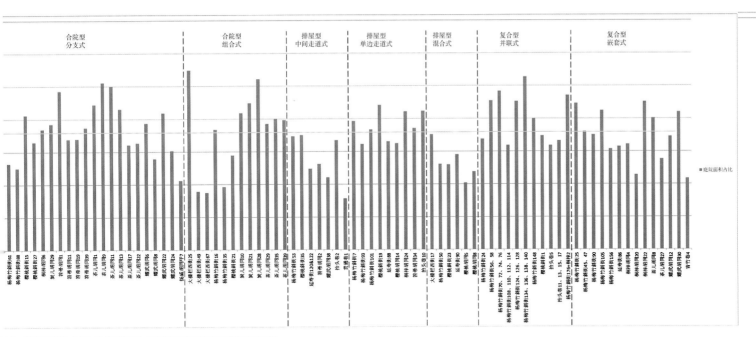

合院型 分支式　　合院型 组合式　　排屋型 中间走道式　　排屋型 单边走道式　　排屋型 混合式　　复合型 并联式　　复合型 嵌套式

■庭院面积占比

占比，黄线为平均线值=17.61%=171处杂院的室外公共空间平均面积/171处杂院的平均占地面积）

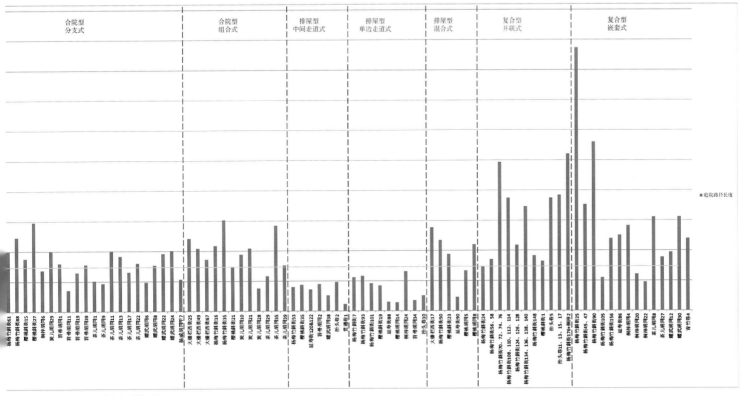

合院型 分支式　　合院型 组合式　　排屋型 中间走道式　　排屋型 单边走道式　　排屋型 混合式　　复合型 并联式　　复合型 嵌套式

■庭院路径长度

院名称，纵轴代表室外公共空间路径长度，单位：米）

H. 杂院室外公共空间宽度数值分布统计

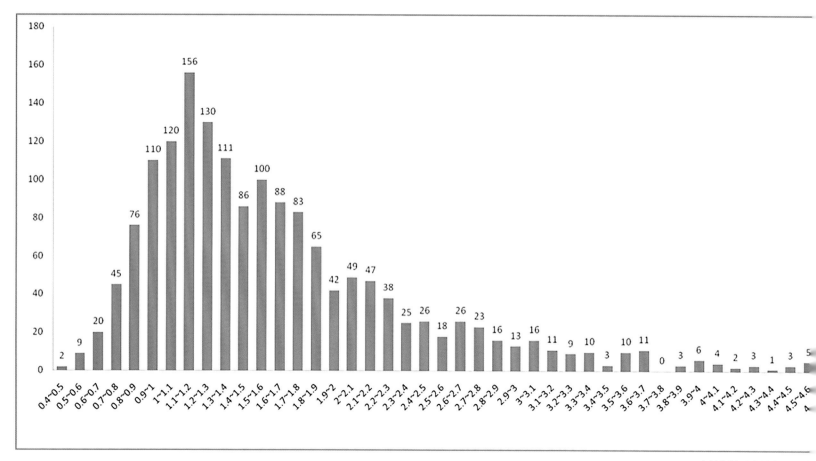

杂院室外公共空间宽度数值分布统计图

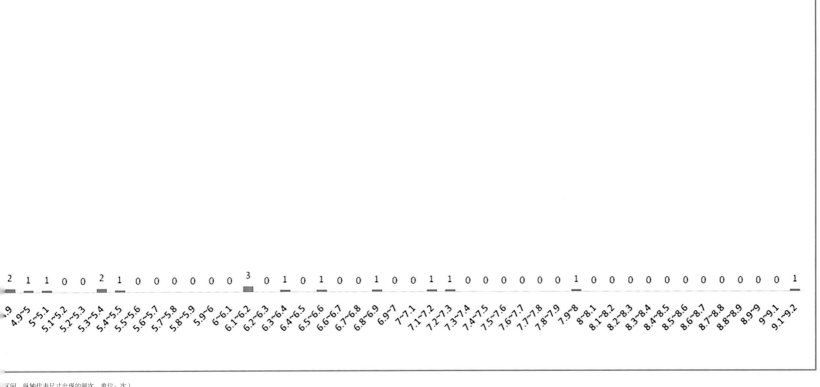

	4.9~5	5~5.1	5.1~5.2	5.2~5.3	5.3~5.4	5.4~5.5	5.5~5.6	5.6~5.7	5.7~5.8	5.8~5.9	5.9~6	6~6.1	6.1~6.2	6.2~6.3	6.3~6.4	6.4~6.5	6.5~6.6	6.6~6.7	6.7~6.8	6.8~6.9	6.9~7	7~7.1	7.1~7.2	7.2~7.3	7.3~7.4	7.4~7.5	7.5~7.6	7.6~7.7	7.7~7.8	7.8~7.9	7.9~8	8~8.1	8.1~8.2	8.2~8.3	8.3~8.4	8.4~8.5	8.5~8.6	8.6~8.7	8.7~8.8	8.8~8.9	8.9~9	9~9.1	9.1~9.2
2	1	1	0	0	2	1	0	0	0	0	0	0	3	0	1	0	1	0	0	1	0	0	1	1	0	0	0	0	0	0	1	0	0	0	0	0	0	0	0	0	0	1

区间、纵轴代表尺寸出现的频次，单位：次）

I. 杂院室外公共空间最宽数值统计

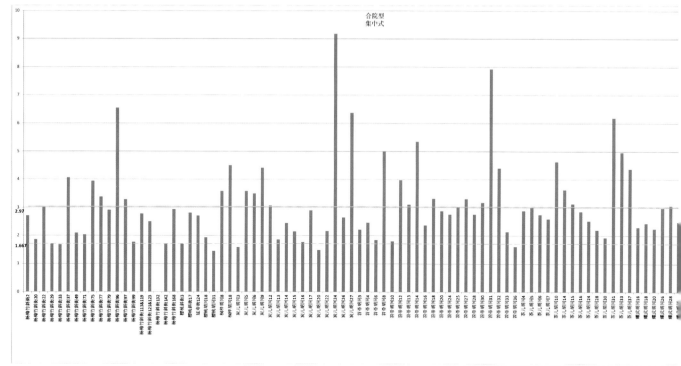

杂院室外公共空间最宽数值统计图（横轴为院落名称，纵轴为宽度尺寸，单

J. 杂院室外公共空间最窄数值统计

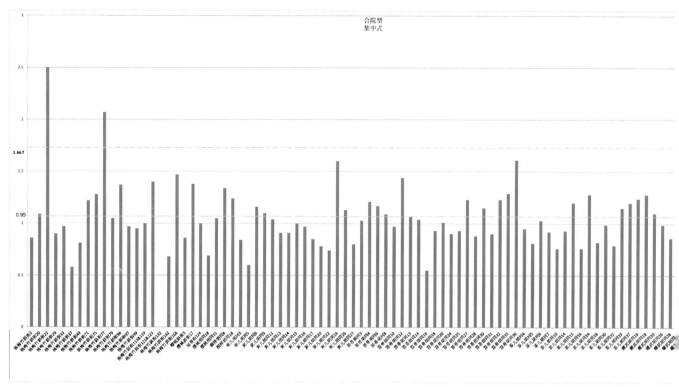

杂院室外公共空间最窄数值统计图（横轴为院落名称，纵轴为最小宽度

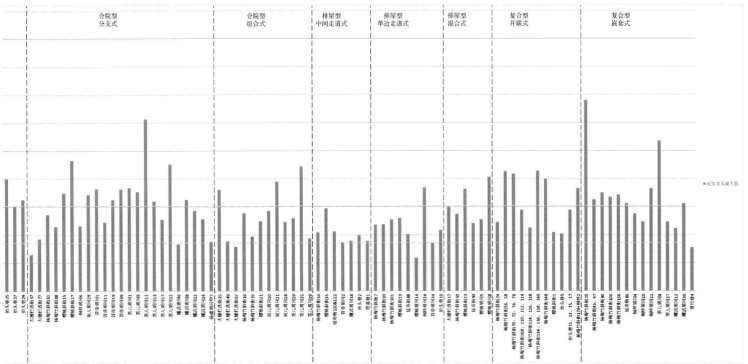

黄实线为最大宽度值的平均数，值=2.97米，第二条黄虚线为所有室外公共空间宽度的平均数，值=1.667米）

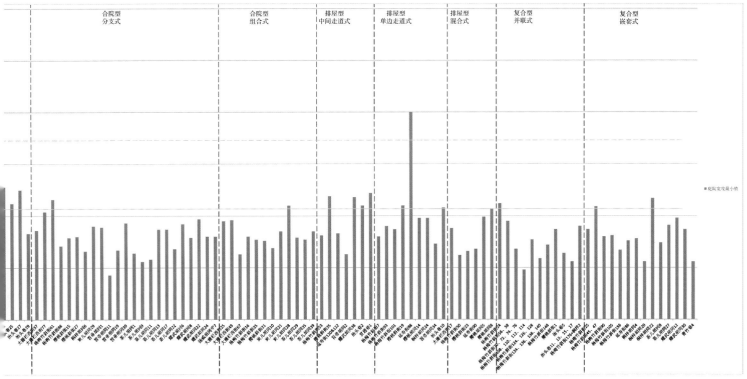

；黄实线为最小宽度值得平均数，值=0.95米，黄虚线为所有室外公共空间宽度的平均数，值=1.667米）

K. 杂院主要房屋房间数量统计

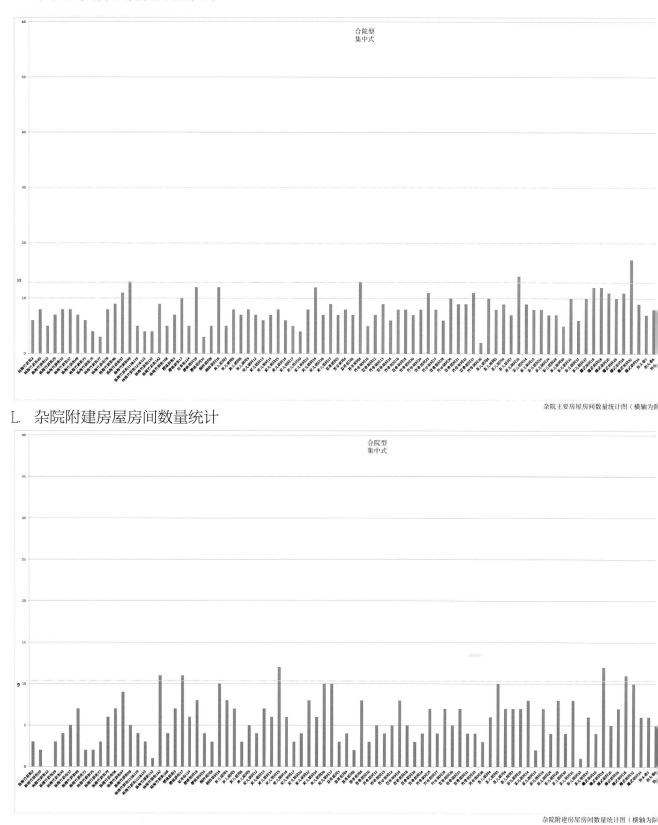

杂院主要房屋房间数量统计图（横轴为院

L. 杂院附建房屋房间数量统计

杂院附建房屋房间数量统计图（横轴为院

248

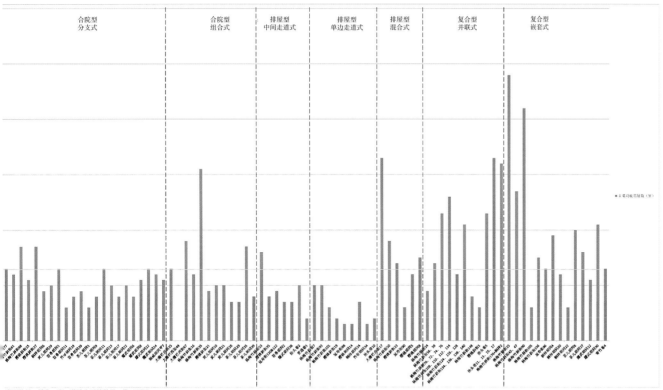

合院型
分支式

合院型
组合式

排屋型
中间走道式

排屋型
单边走道式

排屋型
混合式

复合型
并联式

复合型
嵌套式

■平要功能房屋数（室）

房屋数量，单位：室，黄线为平均数量，值=11室）

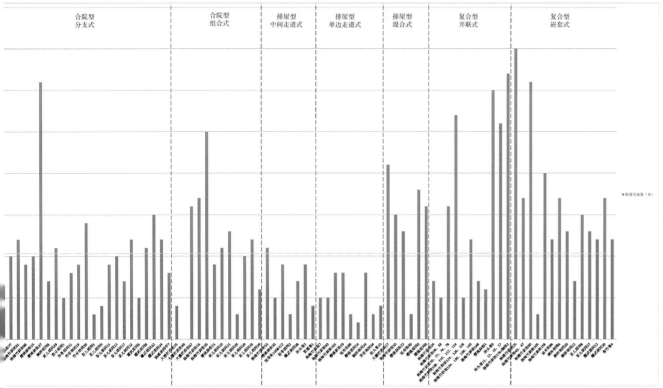

合院型
分支式

合院型
组合式

排屋型
中间走道式

排屋型
单边走道式

排屋型
混合式

复合型
并联式

复合型
嵌套式

■附建筑屋数（室）

房屋数量，单位：处，黄线为平均数量，值=9处）

M. 杂院卧室面积统计

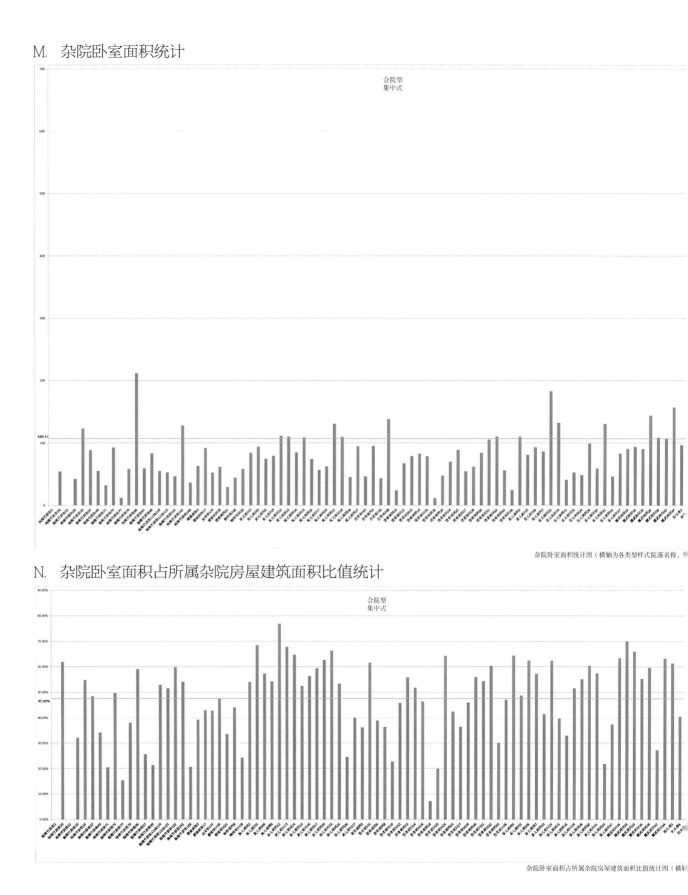

杂院卧室面积统计图（横轴为各类型样式院落名称，

N. 杂院卧室面积占所属杂院房屋建筑面积比值统计

杂院卧室面积占所属杂院房屋建筑面积比值统计图（横

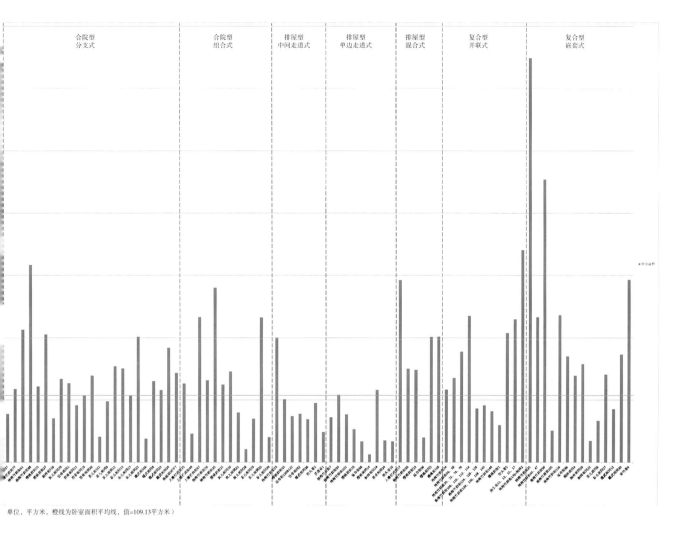

合院型
分支式　　合院型
组合式　　排屋型
中间走道式　　排屋型
单边走道式　　排屋型
混合式　　复合型
并联式　　复合型
嵌套式

（单位，平方米，橙线为卧室面积平均线，值=109.13平方米）

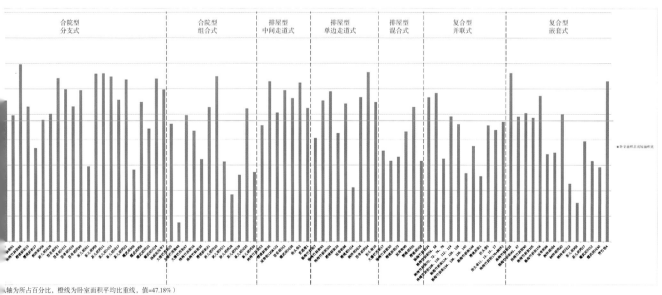

合院型
分支式　　合院型
组合式　　排屋型
中间走道式　　排屋型
单边走道式　　排屋型
混合式　　复合型
并联式　　复合型
嵌套式

（轴为所占百分比，橙线为卧室面积占比重线，值=47.18%）

O. 杂院起居房间面积统计

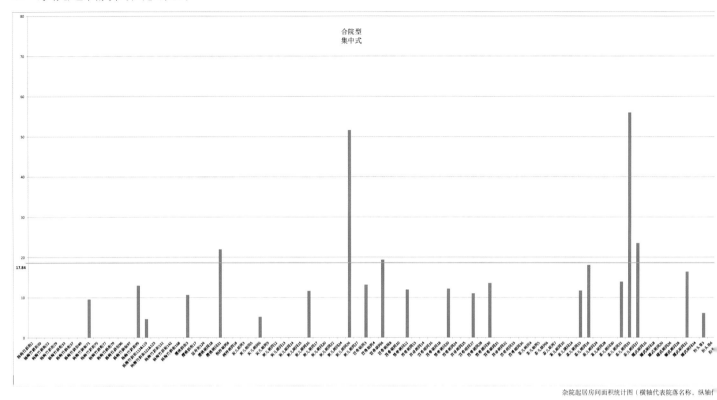

杂院起居房间面积统计图（横轴代表院落名称，纵轴f

P. 杂院起居房间面积占所属杂院房屋建筑面积比值统计

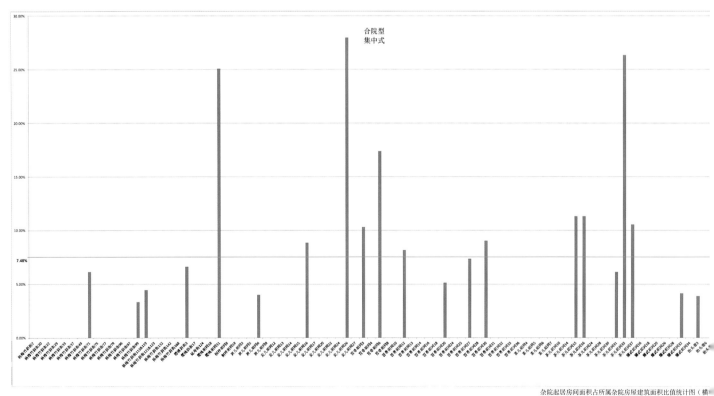

杂院起居房间面积占所属杂院房屋建筑面积比值统计图（横

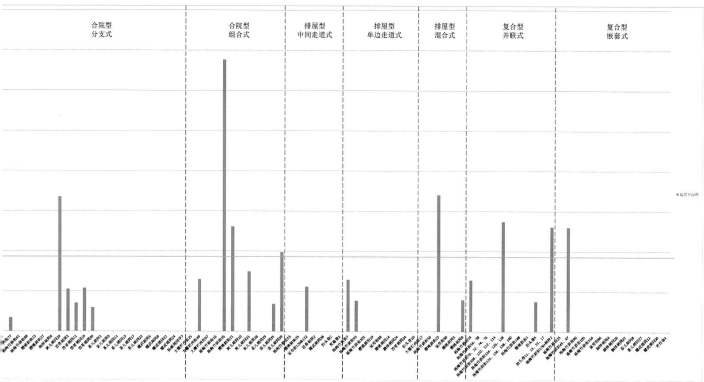

合院型
分支式　　　合院型
　　　　　　组合式　　　排屋型
　　　　　　　　　　　中间走道式　　排屋型
　　　　　　　　　　　　　　　　　单边走道式　　排屋型
　　　　　　　　　　　　　　　　　　　　　　　混合式　　复合型
　　　　　　　　　　　　　　　　　　　　　　　　　　　并联式　　　复合型
　　　　　　　　　　　　　　　　　　　　　　　　　　　　　　　　嵌套式

■起居室面积

单位：平方米。橙线为平面面积线，值=17.84平方米）

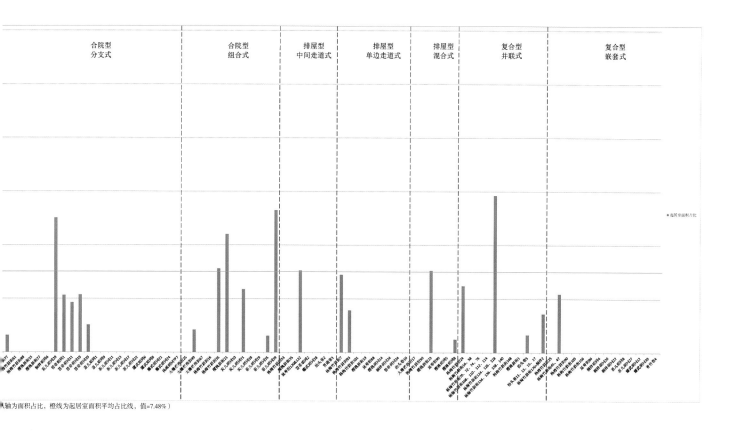

合院型
分支式　　　合院型
　　　　　　组合式　　　排屋型
　　　　　　　　　　　中间走道式　　排屋型
　　　　　　　　　　　　　　　　　单边走道式　　排屋型
　　　　　　　　　　　　　　　　　　　　　　　混合式　　复合型
　　　　　　　　　　　　　　　　　　　　　　　　　　　并联式　　　复合型
　　　　　　　　　　　　　　　　　　　　　　　　　　　　　　　　嵌套式

■起居室面积占比

轴为面积占比，橙线为起居室面积平均占比线，值=7.48%）

Q. 杂院厨房面积统计

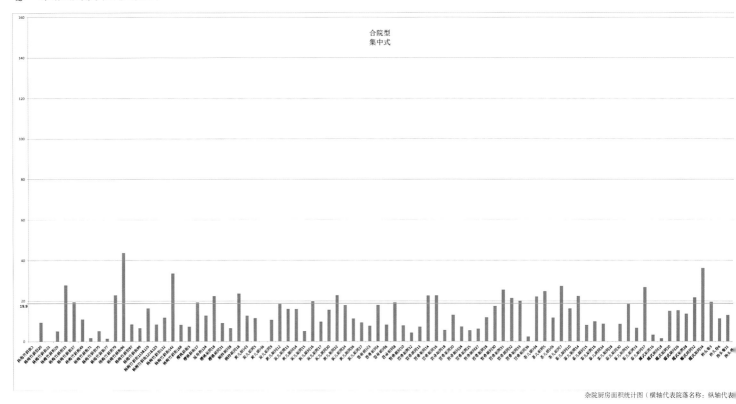

R. 杂院厨房面积占所属杂院房屋建筑面积比值统计

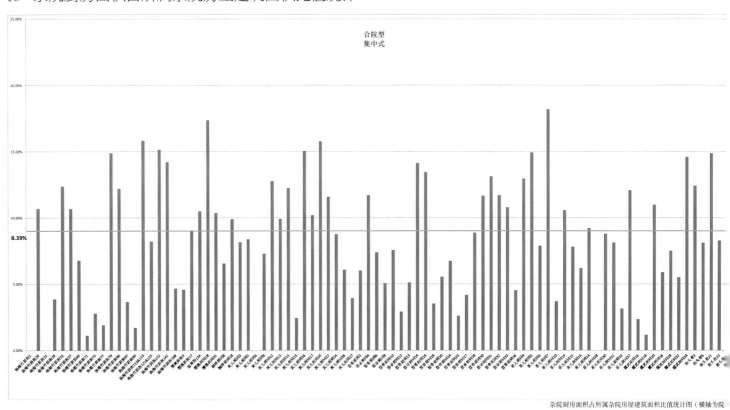

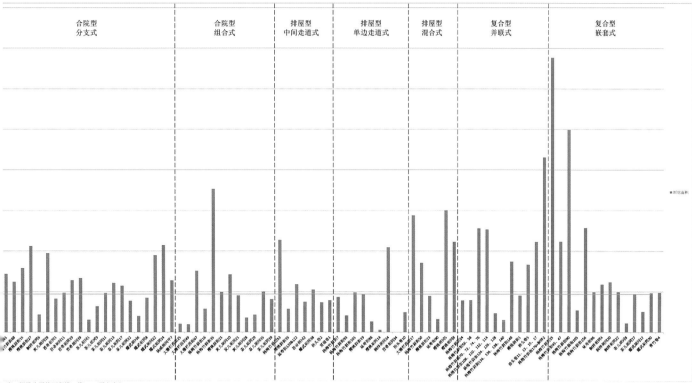

（平方米，橙线为平均面积线，值=19.9平方米）

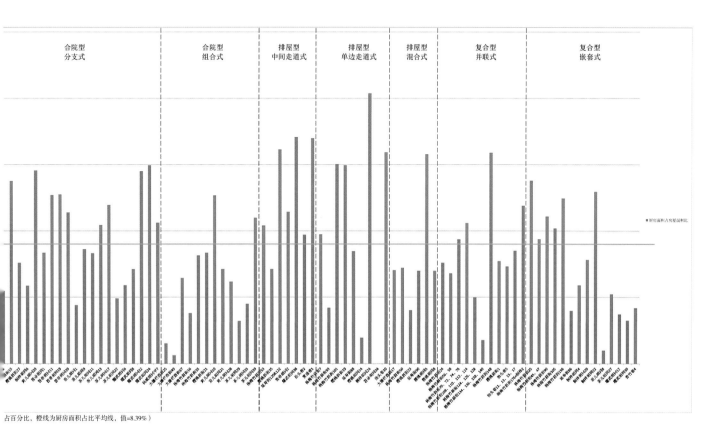

（占百分比，橙线为厨房面积占比平均线，值=8.39%）

S. 杂院卫生间（含单独浴室）面积统计

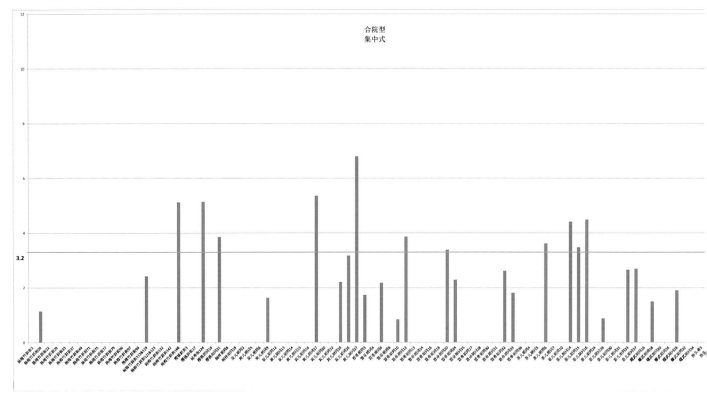

杂院卫生间（含单独浴室）面积统计图（横轴代表院落名称

T. 杂院卫生间（含单独浴室）面积占所属杂院房屋建筑面积比值统计

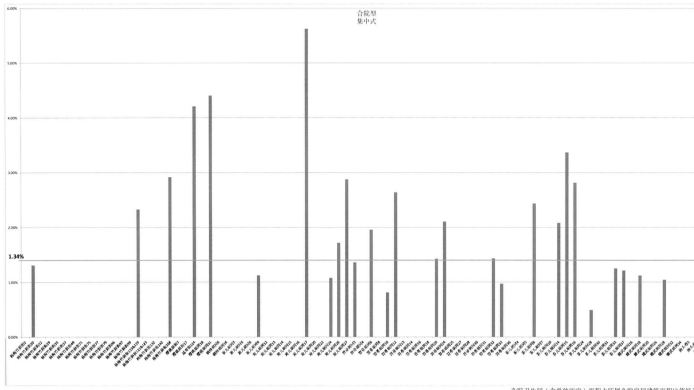

杂院卫生间（含单独浴室）面积占所属杂院房屋建筑面积比值统计

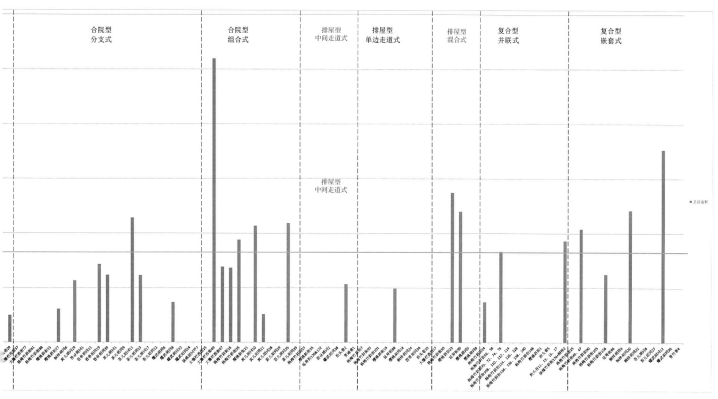

合院型　　　合院型　　　排屋型　　　排屋型　　　排屋型　　　复合型　　　复合型
分支式　　　组合式　　　中间走道式　单边走道式　混合式　　　并联式　　　嵌套式

排屋型
中间走道式

■卫浴面积

浴空间面积，单位：平方米，橙线为平面面积线，值=3.2平方米）

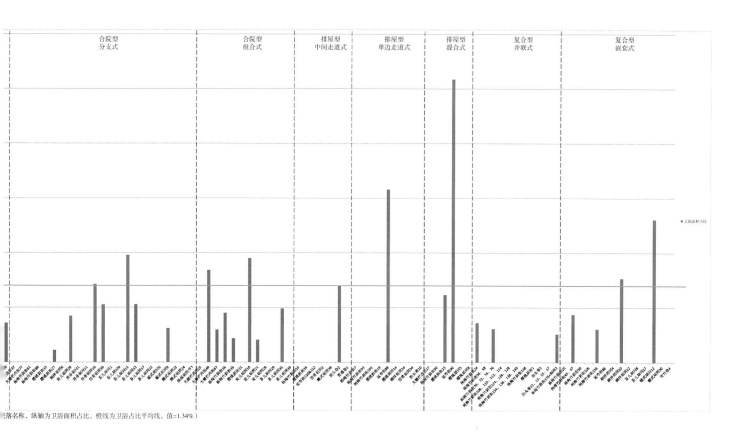

合院型　　　合院型　　　排屋型　　　排屋型　　　排屋型　　　复合型　　　复合型
分支式　　　组合式　　　中间走道式　单边走道式　混合式　　　并联式　　　嵌套式

■卫浴面积占比

落名称，纵轴为卫浴面积占比，橙线为卫浴占比平均线，值=1.34%）

内容索引

抬头巷17号	175	炭儿胡同23号	229
抬头巷21号	134	炭儿胡同24号	88
抬头巷23号	135	炭儿胡同25号	230
抬头巷25号	136	炭儿胡同26号	89
抬头巷27号	137	炭儿胡同27号	90
抬头巷29号	138	炭儿胡同28号	170
抬头巷2号	212	炭儿胡同29号	145
抬头巷3号	132	炭儿胡同38号	231
抬头巷5号	174	笤帚胡同1号	146
抬头巷6号	133	笤帚胡同2号	210
抬头巷7号	221	笤帚胡同3号	91
炭儿胡同3号	76	笤帚胡同4号	92
炭儿胡同5号	77	笤帚胡同6号	93
炭儿胡同6号	78	笤帚胡同8号	94
炭儿胡同9号	79	笤帚胡同10号	95
炭儿胡同10号	168	笤帚胡同11号	147
炭儿胡同12号	80	笤帚胡同12号	96
炭儿胡同13号	81	笤帚胡同13号	97
炭儿胡同14号	82	笤帚胡同14号	98
炭儿胡同15号	83	笤帚胡同16号	99
炭儿胡同16号	84	笤帚胡同18号	100
炭儿胡同17号	85	笤帚胡同19号	148
炭儿胡同19号	228	笤帚胡同20号	101
炭儿胡同20号	86	笤帚胡同24号	102
炭儿胡同21号	169	笤帚胡同25号	103
炭儿胡同22号	87	笤帚胡同27号	104

杨梅竹斜街77号	62	杨梅竹斜街140号	182
杨梅竹斜街83号	223	杨梅竹斜街142号	67
杨梅竹斜街88号	141	杨梅竹斜街148号	177
杨梅竹斜街90号	187	杨梅竹斜街156号	189
杨梅竹斜街92号	224	杨梅竹斜街168号	68
杨梅竹斜街94号	224	杨梅竹斜街176号	183
杨梅竹斜街93号	200	耀武胡同12号	196
杨梅竹斜街96号	63	耀武胡同16号	125
杨梅竹斜街97号	64	耀武胡同18号	126
杨梅竹斜街98号	225	耀武胡同20号	127
杨梅竹斜街99号	65	耀武胡同22号	157
杨梅竹斜街101号	201	耀武胡同24号	158
杨梅竹斜街105号	188	耀武胡同26号	128
杨梅竹斜街107号	226	耀武胡同28号	129
杨梅竹斜街108号	180	耀武胡同30号	197
杨梅竹斜街110号	180	耀武胡同32号	130
杨梅竹斜街112号	180	耀武胡同34号	131
杨梅竹斜街113号	66	耀武胡同38号	211
杨梅竹斜街114号	180	耀武胡同6号	155
杨梅竹斜街119号	66	耀武胡同8号	156
杨梅竹斜街124号	181	樱桃胡同14号	204
杨梅竹斜街126号	181	樱桃胡同18号	72
杨梅竹斜街128号	181	樱桃胡同31号	73
杨梅竹斜街134号	182	樱桃胡同5号	218
杨梅竹斜街136号	182	樱桃胡同8号	219
杨梅竹斜街138号	182	樱桃斜街15号	142

图表索引

参考文献

[1] 北京市宣武区大栅栏街道志编审委员会. 大栅栏街道志（内部读物）. 北京：机械工业出版社，1996.

[2] 陆翔，王其明. 北京四合院. 北京：中国建筑工业出版社，1996.

[3] 方可. 当代北京旧城更新：调查、研究、探究. 北京. 中国建筑工业出版社，2000.

[4] 北京卷编辑部. 当代中国城市发展丛书·北京（上）. 北京：当代中国出版社，2011.

[5] 尼跃红. 北京胡同四合院类型学研究. 北京：中国建筑工业出版社，2009.

[6] [意]阿尔多·罗西. 黄土钧译. 城市建筑学. 北京：中国建筑工业出版社，2006.

[7] [日]赤濑川原平，滕森照信者. 南伸坊，严可婷，黄碧君，林皎碧译. 路上观察学入门. 行人文化实验室，2014.

[8] [日]冢本由晴，黑田润三，贝岛桃代著. 林建华译. 东京制造. 田园城市，2007.

[9] [美]伯纳德·鲁道夫斯基著. 高军译. 没有建筑师的建筑：简明非正统建筑导论. 天津：天津大学出版社，2011.

图书在版编目（CIP）数据

　　北京杂院 / 北京大学聚落研究小组，北京建筑大学 ADA 研究中心著.
—北京：中国电力出版社，2019.4
　　（中国传统聚落与民居研究系列 . 第一辑）
　　ISBN 978-7-5198-2825-7

　　Ⅰ . ①北… Ⅱ . ①北… ②北… Ⅲ . ①北京四合院 – 建筑艺术 – 研究
Ⅳ . ① TU241.5

　　中国版本图书馆 CIP 数据核字（2018）第 291797 号

出版发行：中国电力出版社
地　　址：北京市东城区北京站西街 19 号（邮政编码 100005）
网　　址：http://www.cepp.sgcc.com.cn
责任编辑：王　倩（010-63412607）　梁　瑶
责任校对：黄　蓓　李　楠　郝军燕
责任印制：杨晓东

印　　刷：北京盛通印刷股份有限公司
版　　次：2019 年 4 月第一版
印　　次：2019 年 4 月北京第一次印刷
开　　本：787 毫米 ×1092 毫米　1/12 开本
印　　张：23.5
字　　数：696 千字
定　　价：368.00 元